献给

驱使我写下这份记录的
绝非长久无虞的观察
而是午夜微光般
催促、短暂的一瞥

U0184573

好奇心书系

ICE SNOW OCEAN

南极科考沿线所见海鸟与海兽

王自堃 著

重庆大学出版社

冰雪海

图书在版编目（CIP）数据

冰雪海 ： 南极科考沿线所见海鸟与海兽 / 王自堃著． --重
庆：重庆大学出版社，2023.1
（好奇心书系）
ISBN 978-7-5689-3373-5

I. ①冰…　II. ①王…　III. ①南极—科学考察—中国
—普及读物　IV. ①N816-49
中国版本图书馆CIP数据核字(2022)第104198号

冰雪海

南极科考沿线所见海鸟与海兽

BING XUE HAI

NANJI KEKAO YANXIAN SUOJIAN HAINIAO YU HAISHOU

王自堃 著

策划：鹿角文化工作室　策划编辑：梁　涛
责任编辑：文　鹏　版式设计：周　娟　刘　玲
责任校对：刘志刚　责任印刷：赵　晟

*

重庆大学出版社出版发行
出版人:饶帮华
社址:重庆市沙坪坝区大学城西路21号
邮编:401331
电话:(023) 88617190　88617185（中小学）
传真:(023) 88617186　88617166
网址:http://www.cqup.com.cn
邮箱:fxk@cqup.com.cn（营销中心）
全国新华书店经销
天津图文方嘉印刷有限公司印刷

*

开本：720mm×1020mm　1/16　印张：17.25　字数：231千　插页：8开1页
2023年1月第1版　2023年1月第1次印刷
ISBN 978-7-5689-3373-5　定价：88.00元

自序

"特拉诺瓦"号①漫游指南
——航行到日落之外

    我为本书设置了一个"影子",就是阿普斯利·彻里-加勒德(Apsley Cherry-Garrard,1886—1959)的《世界上最糟糕的旅行》(*The Worst Journey in the World*)②。这本 100 年前(出版于 1922 年)的书,事无巨细地记述了斯科特探险队的最后一次远洋之旅:自 1910 年 6 月 15 日乘"特拉诺瓦"号从英国出发,至 1913 年 1 月 19 日再登"特拉诺瓦"号离开罗斯海。关于海上漂泊和南极大陆上的历险,书中知无不言。

    加勒德在写作中频繁地将目光投向才华横溢的伙伴们——探险队长斯科特(Robert Falcon Scott,1868—1912)、动物学家威尔逊(Edward Adrian Wilson,1872—1912)③、喜欢观察企鹅的医生利维克(George M. Levick,1876—1956)、地质学家普利斯特雷(Ramond E. Priestley,1886—1974)、海洋生物学家利莱(Denis G. Lillie,1884—1963)、写有大量家书的军官鲍尔斯(Henry R. Bowers,1883—1912)……他从伙伴们所著书籍或留下的日记、信件中摘录大段文字,编织进忆旧的叙述之网;他用了一本书的时间,一步一回头地查看过往的痕迹,仿佛在挽留一次永远也没有尽头的旅程。当探险队里的队员已经不在人世,加勒德的书就变成了一部留声机,在甲板上、冰面上、砾石堆里,他们好像还在行进,从脚下传来的回声穿越了时空。

对于从未涉足南极的人，想象在坚硬的蓝冰上拉雪橇，比查阅雪橇滑刀的材质更有趣，虽然后者为探险提供了更多有用的信息。加勒德选择了有闻必录的行文风格，拒绝遗漏任何一个细节，结果却令想听故事的读者失去了耐心。如果只是漫无目的地阅读，可能很难留意隐藏在段落中的洞见。1911 年 6 月仲冬节后，威尔逊、鲍尔斯、加勒德进行过一次差点丧命的冬季之旅。三人从罗斯岛（Ross Island）西北侧的埃文斯角（Cape Evans）沿陆缘冰^{※1}（fast-ice，也译为固定冰）徒步拉雪橇穿越至最东端的克罗齐角（Cape Crozier），此行是为了获取帝企鹅卵中的胚胎，而克罗齐角附近的海冰是当时已知唯一的帝企鹅繁殖地。在这趟耗时 5 周、往返超 200 公里的艰苦行程中，他们甚至还做了温度试验，发现在有所遮蔽的地方测得的温度（-69° F）比未遮蔽处的温度（-75° F）高了整整 6° F[④]。这跟当今鸟类学家在雪鹀巢中得到的发现类似。相比那些裸露于地面的鸟巢，石穴中的雪鹀巢因有"屋顶"庇护，可避风和减少辐射降温，"室温"基本保持恒定，甚至比外界温度略高[⑤]。

以上不太显眼的关联如同暗语，在等待被破译的瞬间。所以，阅读《世界上最糟糕的旅行》的最佳方式，就是把它当作一本路书、一份指南。加勒德在书中转述斯科特的意见，认为"撰写极地旅行的记录，首要目的就是为后来者作指引"。加勒德自己也希望"对探险的实际作业提供有用的知识"，所以他才会不厌其烦地"详尽述说方法、装备、食物与重量"，哪怕会带来糟糕的阅读体验。这便是我将加勒德的写作作为"影子"的原因，他将客串我在行文时的"向导"，无论是在极地，还是热带海域，即便是只言片语，也能成为关键的注解。

※1 据《极地走航海冰观测图集》（海洋出版社，2016），陆缘冰一般是指位于南极大陆边缘、与大陆相连的浮动冰层。以下同为作者自注。

书籍是斯科特探险队在极地之旅中不可或缺的"装备"。他们带上了但丁、吉卜林、哈代、勃郎宁、高尔斯华绥的诗歌，因为"一册诗总是有用的，诗可以在每日长途行进、一片空白的心中默念、背诵"。加勒德也经常引用诗句作为每章的题记，在"探极之旅（一）"的章节标题下，抄录的是丁尼生《尤利西斯》诗中末尾的部分 ⑥，其中有这样的诗句："我决心航行到日落之外，越过西方群星的沉沦之所，至死方休。" ⑦ 这两行诗一定让他想起了极昼时的南极大陆，太阳永不降到地平线以下，正可谓现实中的"日落之外" ⑧。有一次，当雪橇队在冰盖上扎营时，加勒德与队友、物理学家莱特（Charles S. Wright，1887—1975）交换了枕边书，莱特递过来的正是《神曲》的第一部——《地狱》。但丁在诗中设想了尤利西斯的结局：老国王无法克制浪游的激情，又一次乘船出海，向着太阳沉没的彼方航行，直至被波涛吞并。

　　我不知是否还有机会重返那片南方的大陆，在每一个梦回极昼的夜晚，也许我会又一次拿起彻里 - 加勒德的书，跟随他不惮其烦的叙述一道漫游。置身于那艘总是在渗水的蒸汽木帆船"特拉诺瓦"号上，除了每日收帆、张帆，或向锅炉中一铲一铲地添煤，我们也对航行途中遇到的生物充满了好奇，时常向着天空中经过的飞鸟、水里嬉游的鲸豚大喊大叫，试图引起船舱内生物学家的注意，让他们赶快出来鉴定新的物种。那时，威尔逊或许正站在舷窗前向外看，恰巧有一只信天翁划过天际，它滑翔的姿态随后将复现在威尔逊的速写本中，生动得像是可以从纸上飞走。

注：（后文圈注内容请扫描二维码查看拓展阅读）

① "特拉诺瓦"音译自 Terra Nova，意为新地（new land），是斯科特最后一次南极探险所乘船舶的名字，罗斯海西侧的特拉诺瓦湾以它命名。

② 市面上可见两个中译本，书名分别译作"世界上最糟糕的旅行"（北方文艺出版社，2011）和"世界最险恶之旅"（上海文艺出版社，2016）。两个版本都有不少漏译、错译之处，如《世界最险恶之旅Ⅰ》（第 119 页）将帝企鹅的体重译为"六吨以上"，其实原文的重量单位为英石（stone），6 英石约 38 公斤。如果本书也犯有此类错误或存在疏漏，还请读者指正。

③ 威尔逊随斯科特两次参加南极探险，第一次是在 1901 年搭乘"发现"号（HMS Discovery）。当"发现"号穿越赤道行至巴西以东海域时，探险队曾登上南特立尼达岛（South Trindade），并在岛上发现了一种"新"的圆尾鹱，以威尔逊的名字命名为 *Oestrelata wilsoni*（见《世界最险恶之旅Ⅰ》第 63 页）。不过，这种圆尾鹱在 1868 年就已被命名，即 *Pterodroma arminjoniana*（特岛圆尾鹱）。因此彻里-加勒德在书中提到的"威尔逊圆尾鹱"就成了特岛圆尾鹱的同物异名。

④ 换算成摄氏度后，遮蔽处相当于 -56 ℃，未遮蔽处相当于 -59 ℃。见《世界最险恶之旅Ⅱ》，第 111 页。

⑤ 详细内容参见本书第一章第二节。

⑥ 该诗的最后一行为"To strive, to seek, to find, and not to yield（奋斗、探索、寻求，不屈服）"，被加勒德和队友们选为墓志铭，刻在了纪念斯科特五人探极小组的白色十字架上，于 1913 年 1 月 22 日竖立在罗斯岛观察山（Observation Hill）。

⑦ 原文为：… for my purpose holds/To sail beyond the sunset, and the baths/Of all the western stars, until I die.

⑧ 加勒德在全书最后一章中说，他们千辛万苦来到南极的目的，主要是想知道那个太阳永不落下的世界究竟是什么样的。见《世界最险恶之旅Ⅱ》，第 345 页。

目 录
CONTENTS

第一章　冰

第二章　雪

第三章　海

后记

第一章 冰

在"雪龙"船上看动物的
N 种方式

驾驶室，谁穿走了
我的老北京布鞋

※ 驾驶室侧门及船桥区域

　　"海豹！左舷！"谁喊了这么一句。驾驶室[1]里的空气一阵骚动，距离出口最近的队员用力拉开又涩又沉的不锈钢门，海风凛冽而至。其他人鱼贯而出，他们冲到护栏边，手持"长枪短炮"，对着快速后移的冰面狂按快门。

※1　有时也称驾驶台，其左右两翼各有一扇不锈钢推拉门，门外的区域被称为船桥（bridge），是驾驶室两侧向外挑出的结构，主要用于靠离泊时向船艉瞭望。船桥或桥楼的概念原是指蒸汽时代船中部的上层建筑，后又由军舰衍生出"舰桥"，即指挥室、驾驶室、露天指挥所等部位。描写船舶的文章中如提到舰桥、船桥，一般是指驾驶室。

谁也不想错过近距离观看海豹的机会，虽然海面还远在 20 米开外，与驾驶室隔着 7 层楼的落差。身边的白楼[※1]是方圆几百海里内唯一的建筑，正以 8 节[①] 航速向南移动，不会为了观察一只海豹而贸然减速。

※ 驾驶室位于船艏 7 楼

浮冰擦着船身向后飞驰，像匆忙路过的小行星。我已经错过了一只几乎同样位置的海豹。几天前的一个清晨，我沿 7 楼驾驶室外的铁梯下行，准备回到 5 楼住舱。正走到护栏边，眼瞅着一块浮冰向船靠拢（或者说船正驶过这块浮冰），冰盘上的雪堆里扭动着一只锈色的海豹。3 楼的队员

※ 从驾驶室前方窗外拍摄的普里兹湾

也发现了它，并适时地举起了相机；我则赤手空拳，只能干瞪眼，目送浮冰驮着海豹越漂越远。那是我们此次南极科考[※2]中遇到的第一只海豹，彼时船刚刚进入南纬 62 度以南的浮冰区，航线前方是东南极的普里兹湾（Prydz Bay）[②]。

进入冰区航行前，就有水手告诉我，浮冰上的海豹对船这种"钢铁巨兽"不甚

※1 即"雪龙"船的生活区，位于船艏，也被称为艏楼，驾驶室在楼的顶层。"雪龙"是中国第三代极地科考船，首航于 1994 年 10 月，服役至今。需要提及的是，严格来说"雪龙"号与"雪龙号"是两个不同的船名。两舷喷涂的船名应为引号中的文字，为避免混淆，按照海事相关规定，登记机关一般不建议在船名后加"号"或"轮"等字样。为了与外籍船舶名称稍作区别（如"特拉诺瓦"号、"发现"号等），本书只称"雪龙"或"雪龙"船。
※2 本书第一、二章所记内容时间跨度为 2018 年 11 月至 2019 年 1 月，其间我作为随船记者参加了中国第 35 次南极科考。后文涉及"雪龙"船航行日期处，除非上下文需要，不再单独列出年份。

惧怕，有些个体懒洋洋地趴在冰上睡觉，即便船从身边擦过也不会躲避。水手说这话时语气笃定，好似伸手就能摸到船舷外的海豹。我对冰上的情景半信半疑，不承想，这第一只海豹就应验了，而且身份特殊。它就卧在紧挨着船边的浮冰上，不疾不徐地以胸腹为轴，依靠鳍肢的摆动调整方向，躯干一耸一收，竟是难得一见的罗斯海豹（*Ommatophoca rossii*）。

罗斯海豹由英国动物学家格雷（John Edward Gray，1800—1875）在 1844 年命名，是所在属中的唯一成员。因其眼径可达 7 厘米[③]，也被称为"大眼海豹"（Big-eyed Seal）。属名 *Ommatophoca* 反映了眼大的特征，由希腊语 *omma*（眼睛）和 *phoca*（海豹）组合而成，种加词 *rossii* 取自英国探险家罗斯（James Clark Ross，1800—1862）的姓氏（罗斯海豹英文名为 Ross Seal），他于 1840 年首次描述了这种海豹，并带回了两套骨骼标本。

1839—1843 年的南极之旅中，罗斯率领的探险船队抵达的最高纬度是南纬 78 度 11 分，那是一片前所未有地靠近极点的南极内海，后来便被命名为罗斯海（Ross Sea）。70 年后向极点进发的竞争对手——挪威探险家阿蒙森（Roald Amundsen，1872—1928）和英国海军军官斯科特，都选择由罗斯海登陆。而罗斯海豹呈环南极分布，分布范围最南可至南纬 78 度。自发现时起，罗斯海豹就十分罕见。它一年中的大部分时间在冰海中游弋，从不登临陆地，仅在繁殖和换毛期间爬上浮冰，喜欢独处，过着流动不居的生活，成为迄今为止被研究最少的一种南极海豹。参加了斯科特 1910—1913 年最后一次南极探险的彻里-加勒德记述：在那次探险中，他们连一头罗斯海豹也没见到。虽然他相信此行经过的浮冰群比许多捕鲸人一辈子见过的都多，但这种神秘的海豹似乎比预想中的还要稀少[④]。

事实上，1940 年以前，人们目击罗斯海豹的次数不超过 50 次。在破冰船能够深入密集的浮冰区后，目击罗斯海豹的频率才有所增加，但直到 1972 年，也仅有 200 次目击记录。谁能想到，"雪龙"的破冰之旅才刚开始，就在小行星带般的浮冰群中遭遇了载着最稀有海豹的那一块。"冰筏"很快漂走了，短暂如脑海中的一个闪念。我对冰上来客的传奇身份一无所知，直到看到楼下队员拍摄的照片，才明白错失了一位巨星。照片中的罗斯海豹双眼暴突、身形短粗，流露出一副"哈巴狗般的表情"⑤，脖颈上"流淌"着巧克力色的条纹，躯干为黑背白腹的反荫蔽⑥（countershading）体色。

在三楼队员一分钟内连拍下的四张照片中，这只罗斯海豹除了仰起脖子以"灯泡眼"不解地望向破冰船，同时做着迟缓的转向动作之外，没有张口发出愤怒的吼叫。

✳ 罗斯海豹 程学武摄于 2018 年 11 月 25 日普里兹湾

但在人们以往的观察中，罗斯海豹却因时常做出引颈朝天、露齿示威的姿势，从而赢得了另一个英文名：Singing Seal（歌海豹）——虽然在嘴巴大张时，它们常常是不出声的。其实，不论在水上还是水下，罗斯海豹都可以闭着嘴发出声音，仿佛精通两个世界的"语言"。其叫声包括警报鸣响似的笛音（siren call），也有咔哒咔哒（chugging）的脉冲声[7]，还有描述说它们在发声时会鼓胀上颚，且叫声由两个频率相同但独立变化的音调组成[8]。海洋是声波最灵敏的话筒，能以每秒 1 450~1 550 米的速度（5 倍于声音在空气中的传播速度）为海兽传情达意。浮冰蔽日的水下，罗斯海豹在每年 12 月至翌年 2 月举办跨年演唱会，其中包含了 5 首"情歌"，歌唱时辅以窄频带（narrowband）的重低音[9]，将爱的信号传递给远方的伴侣。

罗斯海豹隶属食蟹海豹族[※1]（Lobodontini），这个族名本就是裂齿（lobed teeth）的意思，或称锯齿。此种造型奇特的齿在牙上横生"小牙"，形似岔出侧芽的姜。不过，罗斯海豹吻部前端的尖牙——钩状的门齿（incisor）和犬齿（canine）——并不分岔，专门用来钩住滑溜溜的头足类猎物；从犬齿往后才是裂齿，即对称排列的 20 枚颊齿（postcanine）。如果用"齿式"来描述罗斯海豹的 32 颗牙（与人类牙齿数目相同），即为：I 2/2；C 1/1；PC 5/5。I 代表门齿，C 代表犬齿，PC 代表颊齿，数字代表单侧上 / 下颌相应类型牙齿的数目。

罗斯海豹的每一枚颊齿都长有一个主尖头和两个小的齿冠尖头[10]，造型如同汉字"山"。咬合时，上下颊齿交错而成一架精致的滤食"笼子"：海水由镂空的牙缝间流走，南极银鱼[※2]、磷虾等小型水族则被关在了口中，成为海豹囫囵吞食[11]的美味佳肴。

※1 族是科、属之间的分类单元。食蟹海豹族包含了象海豹属、食蟹海豹属、豹海豹属、威德尔海豹属和罗斯海豹属。
※2 即侧纹南极鱼（*Pleuragramma antarcticum*），英文名 Antarctic Silverfish。

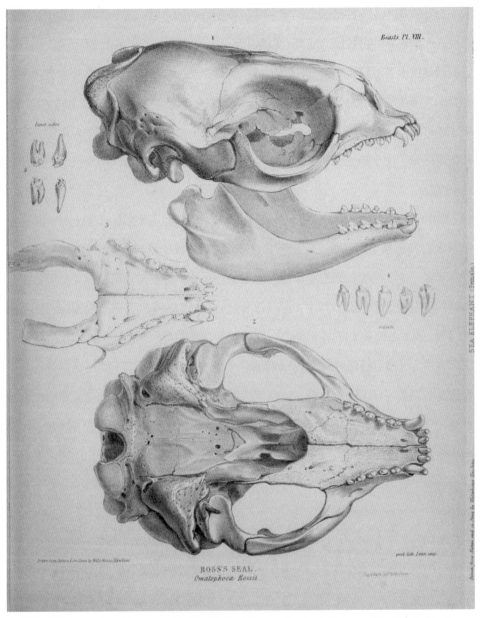

※ 罗斯海豹头骨（The zoology of the voyage of the H.M.S. Erebus & Terror. v.1.London, E. W. Janson, 1844-1875） Biodiversity Heritage Library cc0

分布在南极的 6 种鳍脚类[1]动物中，罗斯海豹的数量只占 1%~2%。鉴于调查的难度，人们对其种群数量的估测一直飘忽不定，少则 2 万头，多则 22 万头，一些新近的调查给出了不到 8 万头的估测值。罗斯海豹不仅数量不占优势，体型也处下风。作为南大洋体型最小的一种海豹，雌性罗斯海豹个头比雄性稍大，体长 1.96~2.5 米，重 159~204 公斤；雄性体长 1.68~2.08 米，重 129~216 公斤。雌雄外观相似，在野外很难区分。由于缺乏目击证据，科学家只能推测罗斯海豹像其他南极海豹那样在水下交配。

2010 年末，阿蒙森海（Amundsen Sea）南纬 70 度以南的海冰深处，一群科学家乘坐直升机搜寻罗斯海豹。他们分别在 12 月 29 日及翌年 1 月 2 日、3 日、4 日，找到了 4 只处于换毛末期的罗斯海豹成年雌性个体，并在发现目标后空降至冰面，为海豹安装卫星跟踪器。其中 3 台跟踪器被粘在海豹的头顶，另一台跟踪器由于尺寸过大，被粘在了海豹的脖颈处[2]。这样只要当海豹浮出水面换气或者爬上浮冰，跟踪器就会连接卫星信号[3]，每天或间隔一天传送 200~500 次定位。令人惊讶的是，无论是面对轰鸣作响的直升机，或是手持网具从冰上靠近的科学家[4]，罗斯海豹都没做出半点反应。假如你见过被直升机惊吓到夺路狂奔的阿德利企鹅（*Pygoscelis adeliae*）——我打赌在冰上你一定跑不过企鹅[12]——罗斯海豹无动于衷的表现就相当

※1 即食蟹海豹、威德尔海豹、豹海豹、罗斯海豹、南象海豹、南极海狗（英文名为 Antarctic Fur Seal，也译作南极毛皮海狮或南极毛海豹）。前 5 种隶属海豹科，南极海狗在海狮科。这 6 种鳍脚类常被泛称为南极海豹（Antarctic seal）。
※2 三台粘在头顶的跟踪器包含两种尺寸：两台为 3.8 厘米 ×1.8 厘米 ×1.7 厘米，重 28 克；一台为 4.5 厘米 ×1.1 厘米 ×4.0 厘米，重 49 克。脖颈上的跟踪器尺寸为 16.4 厘米 ×3.9 厘米 ×3.4 厘米，重 260 克。所有跟踪器都用胶水粘在海豹的新生皮毛上，以防日后换毛而脱落。
※3 这项研究中跟踪器连接的是 Argos 卫星系统。我国海洋科考中也会使用基于 Argos 卫星定位来传送数据的表层漂流浮标（用于收集海洋基础数据）。因此下文将戴有卫星跟踪装置的海豹比作"漂流浮标"。
※4 科研人员登陆冰面的位置距海豹 100~500 米。他们除了安装跟踪器，还为海豹测量了体长、称重，同时采集血液、皮肤和毛发样本，整个操作在 1 小时内完成。

"反常"，似乎对人类的冒犯尚未生出必要的恐惧[13]。

这4台跟踪器中有3台在定位以外还具有测量环境温度和"趴拖"（haul out，或译为"上冰"）[14]时长的功能，剩下1台只有定位功能。在随后近一年的时间里（2010年12月29日至2011年12月3日），被改造成"漂流浮标"的4头罗斯海豹，从互不关联的起点出发，以毫无交集的移动轨迹，勾勒了一幅鲜为人知的冰海生存地图。头几天，它们在被初次标记的地点附近随冰逐流（其中一头海豹连续4天都没有下冰），距海冰北侧边界尚有1 000公里。1月10日至25日，在缓慢地（有可能是搭乘浮冰）来到冰区边缘后，罗斯海豹仿佛接到了神秘指令，开始向北高速游动，速度接近2节（全年平均游速的两倍多）。海豹的壮游为期11~36天不等，其中两头海豹游出冰缘以北2 000公里，另两头的"私人泳池"也已远离冰区900公里，相当于一口气从南寒带跨境来到了"北国"，最北可至南纬56度36分，将南极圈（南纬66度34分）远远甩在身后。最迟到3月中旬，它们一直待在纬度相对较低的海域，在南温带过上了看不到冰的日子。依附南极绕极流（Antarctic Circumpolar Current）这支地球上最强大的洋流——横跨南纬50~60度，不断翻涌着营养盐的风暴，浮游生物云集于此，为鱼类提供了饵料，也供养了食物链上更高层级的消费者，诸如海鸟与海兽——罗斯海豹得以尽情饱餐，休整过后便开始精力十足地掉头南奔。接下来一到两个月，有3头海豹游回了当初被发现时的纬度（南纬70度）。此时已是四五月间，经过这次短暂的回访，在极夜统治着南极大陆、海冰范围日益扩大之时，罗斯海豹接受了新的邀请，再次向北折返，于南纬60~67度停留了4个月。这次它们没有完全脱离冰区（有的就身处冰区之中），与冰缘的距离始终保持在500公里以内，通常不到250公里。9月末，阿蒙森海海冰的势力范围达到最大，扩散至南纬65度，南下的号角再度吹响，该是返回浮冰深处的时候了。罗斯海豹一路挺进1 000

公里，钻入南纬 67~68 度的冰迷宫，开始物色冰的产床。进入 11 月，只剩下两台卫星跟踪器还在发送信号，传回的数据显示：自 10 月 30 日至 11 月 17 日，其中一头海豹一刻都没有离开过浮冰，科研人员推测它顺利当上了妈妈，正在冰上哺育幼崽。12 月 3 日，最后一台卫星跟踪器停止了工作。

　　早期研究一度认为罗斯海豹完全依赖浮冰生活，然而在阿蒙森海这趟由卫星定位技术揭示出的进退有度的旅程中，除去一头海豹在 7 月下旬失去联系前漫游了 5 800 多公里，其余 3 头海豹的游动距离都超过了 1 万公里，且全年大部分时间都在远洋穿梭。它们彼此的路线各不相同，却在时间节律上殊途同归。每年 10 至 11 月，罗斯海豹会回到高纬度的冰海，在浮冰上繁育下一代，且通常只产一仔。待 11 月中旬哺乳期（约两周）结束，一夫一妻制的成年海豹会再次交配，随后进入趴拖换毛期（12 月至翌年 1 月）。雌海豹利用受精卵延迟着床的两个月时间，赶在新的胎儿发育之前，既要在冰上换毛，也要下水觅食，抓紧补充因分娩、哺乳而急剧下降的体能。一二月间，这群孤独的猎手（也许还包括它们的孩子[※1]）告别浮冰群，掉头向北前往开阔水域。与此同时，环绕南极大陆的海冰面积随季节舒张与收缩[⑮]。当海冰退缩或被来自南极高原的下降风（katabatic wind）吹散，形成不冻的海湾时，至少阿蒙森海的这 4 头罗斯海豹，会在 4 月末、5 月初短暂地回访高纬度海域，随即又在海冰的扩张中后退若干纬度，在冰区边缘等待 10 月繁殖季的来临。

　　总的来说，罗斯海豹是一群水中的候鸟，终年往返于浮冰与远洋，在两种介质上过着广阔的双重生活。冰上趴拖时比例失调的四肢，在水中化作高效的桨叶，帮

[※1] 所有海兽的仔兽都是早成兽，拥有出色的游泳能力。对罗斯海豹亚成体的观察记录很少，原因可能是它们在性成熟以前一直在远海漫游。

※ 驾驶室

助它们向下"飞升"。在水下 200~500 米处，有着与在浮冰上晒太阳[※1] 迥然不同的工作——为了寻找捕食目标，罗斯海豹平均每天可下潜 180 次，最深潜水记录是 792 米[16]，在温度徘徊于冰点[※2] 的水中一次憋气最长可逗留半个小时，俨然冰海的主人[17]。几千万年前，当鳍脚类的祖先还在陆地上讨生活，也许不会想到演化的浪潮将在海陆之间又一次做出选择，带领它们的后代重返大洋。如今，罗斯海豹残存的陆地记忆，只能寄托于无根的浮冰。

　　11 月 25 日，我们的船遇到了此行唯一一只罗斯海豹。文献记载，11 月 3 日至 18 日是罗斯海豹在浮冰上产仔的高峰期。我们遇到的那只海豹，其性别、年龄都是未知数，身边也没有幼崽。它独自卧冰海上，留下了略显惊惶的肖像照。此后船又两次穿越西风带，并由罗斯海航行至阿蒙森海密集的浮冰区，却再没有遇见这种最神

※1　在阿蒙森海关于 4 只罗斯海豹的研究中，它们大部分时间处于 -4.9~0℃的环境中，记录到的最低温度是 -19.9℃（9 月 25 日），有一只海豹在这一温度下趴拖了 8.7 个小时。
※2　对于在南极大陆上度过了两个冬天的彻里 - 加勒德来说，"海是南极较温暖的地方，温度从未低于 -1.7℃"。参见《世界最险恶之旅Ⅱ》第 244 页。

❋ 驾驶室门下的布鞋

❋ 挡风玻璃与人体型对比

秘的海豹。

有了错失罗斯海豹的教训，我当然要谨慎对待每一只从眼皮底下滑过的海豹。现在回到本节开头的那一幕。这一次，我来不及看到海豹的样子，它离船太近了，很快被驾驶台的视觉死角挡住。我提起相机冲到了侧门边，门下放着许多双老北京布鞋。布鞋是考察队发放的劳保物资，人们遵守船舱内的礼仪规范，穿着它行走在过道、餐厅和楼梯间（趿着拖鞋则是不礼貌的，也是不安全的，因穿拖鞋而滑倒或挤伤、碰断裸露在外的脚趾是船上的恐怖故事之一）。此刻，我的那双布鞋不见了，被门外拍照的人穿走了。我也只好将错就错，踩上了一双小一号的布鞋，到室外拍了几张角度已经不好的照片。几秒钟的工夫，那块载有海豹的浮冰就漂远了。

回到 250 平方米的驾驶室内，脚下是这次科考前新铺的地毯，脱鞋成了不成文的规定。人们穿着袜子在地毯上走动，身影映在驾驶室正前方的挡风玻璃上——每一块都差不多有一人高，足足有 20 多块，拼接出了海的广场和海天线的半弧。

这座透光的大厅其实并不适合拍照，隔着玻璃拍摄飞鸟或海豹，很难准确对焦，照片往往清晰度欠佳且存在色差。解决办法就是在目标出现后快速穿鞋，去往室外。

浮冰上的阿德利企鹅群
2018 年 11 月 30 日 普里兹湾

※ "雪龙" 航行在浮冰区

驾驶室左右两翼各有一扇滞重的推拉门，时常有人拎起放在右侧门下的鞋，小跑至
传来消息的左侧。中央空调往驾驶室里送着暖风，催促人们脱去厚重的防寒服，但
为了拍到稍纵即逝的画面，仍有人一袭单衣冲进风中。

　　"海豹！""鲸鱼！""企鹅！"人们发现动物后大喊大叫的样子与一百多年前"特
拉诺瓦"号上的情景并没有什么不同[1]。的确，要想第一时间发现出没在航线上的

※1　彻里 - 加勒德记述（《世界最险恶之旅Ⅰ》第 57 页），水手们观察极地生物极富热情，每当发现海鸟或海兽，会立即大声
报告以引起生物学家的注意。但因呼叫过于频繁，久之便不再受到认真对待。

动物，布满"眼线"的驾驶台是绝佳的哨所。当你不是很熟悉鲸在海中是什么样子，经验丰富的水手会及早发现视野前方那模糊的雾柱，或者指出某片冰间水面下方阴暗的影子。你也可以用望远镜扫视海面，寻找"白色奶昔"上镶嵌的"葡萄粒"——浮冰上的海豹或者企鹅。大群企鹅聚居的冰盘还涂有粉色"果酱"——来自磷虾的遗骸。熟悉这些细节，提前做出判断，就能为赶到室外拍摄赢取时间。

除了冰面上的生物，天空中也少不了精彩的戏码。某天中午，当位于 1 层甲板的厨房间传来饭菜的香味，跟着船飞的南极鹱（*Thalassoica antarctica*[18]）忽然越聚越多[19]，集结成百余只的大群，让人短暂地联想起城市上空的鸽群，只不过它们从不满足于在空中转圈。鹱群由海面升起到 7 层楼的高度，即便不振翅也能与船同速前进。这意味着，你正隔着驾驶室的侧窗与鹱"伴飞"，仿佛可以踩着空气走向彼此。下一秒，南极鹱又速降到海面，沿着一条翻卷起来的波浪线排成纵队，倾斜着身体将一侧翼尖伸向水面，就像是指尖摩擦冰面的速滑运动员。

扫描二维码
查看拓展阅读

未见描述的个体
消隐于烟雾

❋ 南极鹱

　　彻里 - 加勒德转述威尔逊的话[①]，说南极鹱是一种在浮冰映衬下"黑白相间"的鸟。可它全身并没有一根黑色的羽毛。看照片不难分辨，南极鹱头背羽毛深褐，飞羽后缘展开宽阔白带，白色尾羽末端与飞羽末端各点缀一排褐斑，褐与白之间有着清晰的分界。然而仅凭肉眼打量，鸟类在船边快速飞行时，"着色"并不如照片那般准确，或许会被主观简化成黑白配色。另一种"黑白相间"的南极海鸟是与南极鹱在外观上较为相似的花斑鹱（*Daption capense*[②]），也就是加勒德在书中提及的"合恩角鸽"（Cape Pigeon）。花斑鹱头部羽毛深褐近黑，背羽斑驳打破了颜色的分界，在白羽中嵌入散碎黑斑，有些斑块的形状酷似银杏叶，而它属名的本义原是指菲律宾群岛土著人的文身[③]。

　　说回南极鹱。它们的飞行动作迅捷有力，时而振翅，时而滑翔，是体格结实的南极土著，通常筑巢于坡度 10~40 度的悬崖陡坡，部分巢址选在南极大陆边缘

❋ 南极鹱 示意腹面

❋ 花斑鹱 示意腹面

❋ 花斑鹱

※ 雪鹱　　　　　　　　　　　　　　　　　　　　　　※ 银灰暴风鹱

距海岸数百公里的裸岩地带[④]。已知最大的一处南极鹱繁殖地[※1]位于毛德皇后地（Dronning Maud Land）的腹地（南纬71度53分、东经5度10分），有10万~25万对繁殖成鸟在名为斯瓦特哈马伦山（Svarthamaren Mountain）的冰原岛峰（海拔1 650~1 800米）上聚集，可以觅食的未冻之海却远在200公里开外。由于鹱巢的密度在崖壁上呈现梯度变化，看起来像是阶梯式的剧场座席，研究人员给岛屿东北端两个最大的巢区起名叫"amphitheaters"（斗兽场）[⑤]。一旦选定巢址，南极鹱便年复一年回归旧巢，每次只产一卵，父母[⑥]双方轮流孵卵，共同育雏。

　　南极鹱不仅扎堆生育，也会成群结队地到海上觅食，巡游于冰山带与浮冰区，且时常与花斑鹱、雪鹱（*Pagodroma nivea*[⑦]）、银灰暴风鹱（*Fulmarus glacialoides*[⑧]）等混群。这四个关系紧密的物种在身体特征、捕食偏好、繁殖习性等方面存在诸多相似之处。它们都有着海豚式的额隆，体长为30~50厘米的中等个头[※2]，主要捕食鱼、

※1 近年有文献（Schwaller et al., 2018）通过遥感影像对比，推测位于恩德比地（Enderby Land）的比斯科山（Mt. Biscoe，南纬66度13分、东经51度21分）才是最大的南极鹱繁殖地，可能拥有40万繁殖对。
※2 体长按照由大到小的顺序依次为：银灰暴风鹱（45~50厘米）、南极鹱（40~46厘米）、花斑鹱（35~42厘米）、雪鹱（30~40厘米）。

磷虾和乌贼（squid）[※1]，每年 11 至 12 月相继回归陆地产卵、孵化、育雏，在巢区最晚待到 3 月夏末。分类上，这四者同属暴风鹱类[⑨]（Fulmarine Petrels），在某些区域共享一处繁殖地，使科学家开展同时同地的观察成为可能。

东南极澳大利亚凯西站以南 11 公里（南纬 66 度 22 分、东经 110 度 27 分），有一座阿德里岛（Ardery Island），在这座 1.2 公里长、最高点海拔 117 米的无冰小岛上，集齐了上述四种暴风鹱（为简便行文，以下统称"F4"）的巢。科学家发现这里的 F4 都会在育雏期的餐食里增加鱼类的比重，而在填饱自己肚子时（例如繁殖前期）则加大了乌贼的捕获量。在嘴对嘴喂给雏鸟（chick）的"海鲜粥"[⑩]

※ 银灰暴风鹱 示意额隆

※1 乌贼主要指头足纲（Cephalopoda）枪形目（Teuthoidea）的成员，即鱿鱼，可成群出没形成鱼汛。

中，鱼类最受欢迎，其次是乌贼和甲壳类[※1]。纵观 F4 全年饮食，三款海味（鱼、乌贼、甲壳类）平均占比分别为 55%、25% 和 10%。此外，它们也会捕食成群出没的海樽（salp），其营养价值与磷虾类似。

　　所有家长都希望自己的孩子吃得既多又好，F4 也不例外。但在"采购"南极营养餐时，阿德里岛上的花斑鹱堪称"异类"。因为它将育儿期的磷虾摄取量提高到了 35%（鱼的分量占 60%）；在非繁殖期，花斑鹱对鱼的摄取甚至低于平均水平（55%），只有 50%。雪鹱走到了另一个极端，食谱里 94% 的食材都是南极鱼，几乎不含磷虾。南极鹱和银灰暴风鹱处于中间水平，带给后代的鱼类份额分别达到 80% 和 75%。

　　鹱类那带钩的喙、趾间的蹼，表明它们是天生的捕鱼高手。那么，当别的家长都在努力让自己的孩子多吃鱼时，花斑鹱为何用磷虾抵消了一部分鱼类的供应？其实，阿德里岛的花斑鹱并非孤例。在面朝威德尔海的斯瓦特哈马伦山上，南极鹱捕食的磷虾占比更多，全年食用量据推算为 34 100 吨[※2]，是其他南极鹱繁殖地对磷虾需求量的 3~6 倍，其次才是鱼（14 700 吨）和乌贼（2 300 吨）。研究人员对此提出了三种可能的解释[⑩]：一是斯瓦特哈马伦山与未冻的海面相隔 200 公里，成鸟至少要耗费两天才能为雏鸟带回食物，在检视胃内容物的可识别部分时，难以消化的甲壳类外骨骼占有更多的比重[※3]，造成了捕食磷虾量大的假象；二是海里的"食堂"距离陆上的巢区极其遥远，近年的卫星跟踪数据显示，斯瓦特哈马伦山的南极鹱最

※1 鱼的种类通常是南极银鱼，被捕食的个体平均长度为 15 厘米，重约 25 克。甲壳类主要为南极大磷虾（*Euphausia superba*）和冰磷虾（*E. crystallorophias*），被捕食的南极大磷虾成体长约 5 厘米，重约 0.9 克，亚成体重约 0.3 克；冰磷虾重约 0.17 克。乌贼的主要种类包含了鞭乌贼属（*Mastigoteuthis*）、手钩鱿属（*Gonatus*）和 *Sychroteuthis* 属，被捕食的乌贼外套膜长度为 5~27 厘米，重约 200 克。
※2 这一推算的前提是假设有 10 万只南极鹱雏鸟在冬季存活下来，并且假设南极鹱冬季的食物组成与繁殖期相同（Lorentsen et al., 1998）。
※3 鱼的脊骨、耳石和晶状体，乌贼的喙，磷虾的外骨骼，都可作为识别猎物种类和推断猎物原始尺寸的依据。也有研究认为胃油对甲壳动物具保鲜作用。

远取食海域可至南纬 59 度，与巢区相距 2 524 公里，远程采购意味着首选食材必须性价比高（或者说能量收益最大化），而每克磷虾含有的热量比每克鱼和乌贼高 10%~25%[※1]，多吃磷虾不失为合理的选择；三是猎物的分布和易获取性影响着食谱的组成，在某些区域的食物网中，磷虾取代了鱼的主流地位[※2]。

通过列举自 1937 年至 1994 年在南极不同区域的十余次采集结果，研究人员发现在海上捕获的南极鹱胃内容物中的鱼、磷虾和乌贼的含量大致相等，为 23%~27%；而在繁殖地的南极鹱胃中，鱼的含量超出磷虾两倍多，达到了 65%。这似乎印证了南极鹱在挑选猎物时会根据是否育雏而有所侧重，但在食物组成的分析中存在诸多的假设和不确定性，未知的情况仍然多于已知。事实上，在阿德里岛的研究中，银灰暴风鹱和花斑鹱每周食用鱼与磷虾的比例一直在变，对于乌贼、幼鱼、磷虾亚成体的取食也呈现显著的年际变化；来自乔治王岛（King George Island）的调查还发现，那里的花斑鹱以周边大量存在的另一种甲壳动物端足类（Amphipods）[※3]为食，无需再费力寻找磷虾。这些例证说明，F4 的食谱远比人们想象的更灵活，能根据环境特点做出多样的尝试。当鱼类资源短缺时，它们转而捕食磷虾或乌贼，是最自然不过的行为。

除了查看胃内容物，人们还从环境偏好中窥得了些许端倪。原来，花斑鹱就如同它另一个名字"海角鹱"（Cape Petrel）[※4]暗示的那样，喜在近岸的半开阔水域（冰间湖、水道）觅食，难以长距离跨越海冰。银灰暴风鹱同样不擅跋涉，它的翅型适

※1 阿德里岛的研究人员持相反的看法，他们认为，相比于南极银鱼，磷虾的热量更低且初始消化较慢。另外，在普里兹湾的相关研究中，乌贼的营养价值被认为最低，钙、蛋白质和热量含量比鱼和磷虾低得多。
※2 传统理论认为南大洋的食物链是由硅藻—磷虾—高级捕食者构成的简单食物链。但近年来，人们发现中层鱼是南大洋最大的生物资源，并且是连接哲水蚤、磷虾以及海兽、鸟类等高级捕食者的关键物种。
※3 俗称钩虾，食腐的底栖生物。
※4 Cape Petrel 也被译为岬海燕。

于滑翔，无法像南极鹱那样持续扑翼飞行，归期比南极鹱晚了半个月[12]，并且常取食于近海陆架。雪鹱和南极鹱有些相似，两者都擅长高速飞行，拥有穿越冰原的能力，归巢地点在远离海面的南极大陆深处，长途觅食成为硬核生存本领。由此看来，F4 中最"恋家"的是花斑鹱，它将注意力转向了近岸的一小片活水，这也许是它食物中磷虾比例较高的原因之一[※1]。

捕食距离的远近当然也体现在觅食时长上。在育雏期，阿德里岛 F4 的旅行时刻表截然划分为两组：银灰暴风鹱和花斑鹱用时较短，1 天左右即可出海归来；南极鹱和雪鹱则远游 1 天半到两天，才能回到嗷嗷待哺的雏鸟身边。

阿德里岛上的科学家在检视 F4 的胃内容物时也发现，那些从远方归来的南极鹱和雪鹱成鸟塞进胃中的食物大多已高度消化，而花斑鹱和银灰暴风鹱胃中的食物还很新鲜。需要提及的是，为了拿到胃内容物，科学家在"杀鸡取卵"（来自阿德里岛不同年份采集的 108 具标本，包括自然死亡的样本）之外，还给 323 只成鸟用上了洗胃的"酷刑"[13]。不过，暴风鹱对洗胃表现出较好的耐受性（也许是因为它们本就有反吐喂食的习性），仅有一只银灰暴风鹱成鸟在洗胃引发呕吐反射后不幸死亡，原因是它在吐出三条异常大的鱼时导致了窒息[14]。这个残酷的事实也从一个侧面表明，F4 中体型最大的银灰暴风鹱能吞下更大的鱼，且捕食距离尚未远到鱼有足够时间被充分消化。阿德里岛的研究还显示，南极鹱在有些年份捕食南极银鱼的量减少了 20%，而代之以深海的灯笼鱼科（Myctophidae）[15]，也会捕食端足类，但是食谱中缺乏浅海的冰磷虾。食物种类的改变反映了觅食区域的变化，说明南极鹱会从陆

※1 一项关于剪水鹱类（Shearwaters，如灰鹱和短尾鹱）的研究显示，觅食距离短的鸟会带回更多的磷虾，而觅食距离远的鸟带回的鱼更多（Weimerskirch, 1998）。

架转向远海猎食。

　　海冰如同一面明镜，映照出微妙的捕食差异，其间蕴含着本质区别。这是同一个家族中四个形貌各异的兄弟：南极鹱泛游于冰缘远洋，雪鹱与绵延的海冰为伴，银灰暴风鹱向往不冻海，花斑鹱享受冰间湖。

　　相对独立的微地理环境（生态位），赠予了这四种暴风鹱打开各自生活之门的钥匙，翼负载（体重与翼面积之比）则构成了 F4 选择巢址时那把关键性钥匙上与众不同的齿形。银灰暴风鹱和南极鹱拥有相对较大的翼负载，两者体重均超过 500克 [1]，更喜欢在位于迎风面、不低于 6 米的高耸陡坡筑巢，以便毫不费力地从平静状态中起飞——与其说它们是在巢中等待伴侣，不如说风才是它们在等的终身伴侣；雪鹱 [16] 和花斑鹱 [17] 的翼负载较小，对高度的要求不尽相同，前者把一切可以利用的石缝（从高潮线到崖顶）当作巢址，后者惯于在海拔较低的隐蔽处安家。

　　不用到巢区去，人们站在船边就能看见好几种鹱的混合编队。11 月 22 日，"雪龙"船冲出了西风带，我在南纬 63 度渐趋宁静的南大洋（南印度洋扇区）上，第一次见到了花斑鹱和南极鹱，二者恍若一个模子刻出来的手足；一天后，海面上飘起雪花，银灰暴风鹱闯入视野，它覆雪一般的额隆线条饱满，淡雅的灰蓝上背微微拱起，钢蓝色鼻管下的喙却是意外的肉粉色，喙尖突然又黑得像蘸了墨汁；又过了两天，11 月 25 日（也就是遇到罗斯海豹的那天），雪鹱从冰山中"脱胎而出"，羽毛如雪一样洁白，像积雪长出了翅膀。

　　那些被拍摄固定下来的瞬间，有时是南极鹱与花斑鹱同框，或者是雪鹱与南极鹱伴飞，也有银灰暴风鹱、南极鹱、花斑鹱的混合编组。初次显影之时，你只看到

※1 银灰暴风鹱重 0.7~1 千克；南极鹱 675 克。两者翼展都超过了 1 米。

❋ 花斑鹱、南极鹱

❋ 雪鹱与南极鹱混群

定格的肖像，不知动物为何会出现在此时此地。二次显影借由科学研究文献，努力还原动物生活的来龙去脉。

不同的地理位置和时间，会产生不同的排列组合。它们会是来自普里兹湾东南部劳尔群岛（Rauer Islands）的繁殖地吗？那里的霍普岛（Hop Island）是除阿德里岛之外，少数几处容纳 F4 同域繁殖的岛屿之一[1]，劳尔群岛也是花斑鹱和银灰暴风鹱繁殖分布的最南端（南纬 68 度 50 分）。根据 1993—1996 年该岛上的相关研究，11 月下旬，南极鹱已经产下一卵，花斑鹱与雪鹱紧随其后，银灰暴风鹱则尚未产卵。那么，照片里的银灰暴风鹱或许是从外海归来，在重返旧巢的途中加入觅食的小分队；南极鹱则漫游了许多个纬度和经度，才又出现在花斑鹱身边，正为换班孵卵加紧补充能量；雪鹱在八九月间已经回访过遥远的内陆，此刻作为准父母与南极鹱一同巡游，考察适合"坐月子"的渔场[2]……相似的捕食习惯，近乎

※1 除去 F4，霍普岛上还有一种暴风鹱类的大鸟——南方巨鹱（*Macronectes giganteus*）。对于其他暴风鹱，巨鹱是危险的捕食者，1994—1995 年的繁殖季，该研究区域超 7 成的南极鹱巢遭到过巨鹱捕食。
※2 中国南极科考在普里兹湾的调查显示，桡足类是该海区浮游动物的主要优势类群；南极大磷虾数量相对较少，只在调查区的北部发现少量幼虾（张光涛，孙松，2000）。

重合的食谱——如果你是暴风鹱中的一员，那么只要跟上眼前的队伍，就可以获得有价值的食源信息。

打住以上信马由缰的幻想。这些出现在海上的父母或准父母，在经过 40 余天的接力孵卵后，将踏上更为艰难的育雏之路。为了让雏鸟吃饱，它们的捕食量须超过自身需求量的 1.5 倍，每次要带回相当于自身体重 1/3 的食物。许多来自海上的观察也证实，这群诚恳的父母有时会吃得太多以至于无法起飞，必须先吐出一部分食物自行减重。卧在巢中的雏鸟哪里能想到，它的双亲在反吐哺育之前，早已在海上不知呕吐过多少次。

※ 银灰暴风鹱 南极鹱 花斑鹱混群

每一只鹱都是一艘摇摆的"渔船"。回港的渔民用冰块、盐和冷海水保存渔获，而鹱将捕到的海产品放入胃中，那里浮泛着奇特的油脂，使食物如同被保鲜膜包裹，延缓了消化速度。

鹱类"研发"出独具保鲜功效的胃油，是对遥远的归巢距离与漫长的觅食周期的适应。F4 的育婴房里，父母的每一次投喂都是倾囊而出，但送餐间隔却是以"天"为计量单位。出海追踪鱼群花费的时间难以预料，往往是盛宴之后即迎来禁食。父母轮流或双双外出捕食，如果在海上发生意外以致一去不回，便会导致雏鸟吃了上顿没下顿，可能连续几天吃不上饭。因此在喂养后代时，鹱类与其他鸟类最大的不同就在于，它们直接给孩子"灌油"[1]。亲鸟回到巢中后，会将半消化的食物连同胃油一起反刍上来，任由雏鸟将喙伸入口中，连油带海鲜一并吞食。人们曾经测定采自 11 种鹱鸟的胃油样本，发现每克胃油的热量约为 9 380~9 912 卡路里[2]，比未经消化的食物的热量高了 5~35 倍（另一说为 40 倍），接近商业柴油的热值。对刚刚出壳的雏鸟和长途飞行觅食的父母而言，胃油等同于扛饿的"压缩饼干"，是维持生命的必备物资。

除了鹱，似乎只有人类会让自己的小孩喝油（鱼油）。鹱类的胃油同样是带有鱼腥味的"食用油"，主要成分为蜡酯（wax ester）或甘油三酯（triglyceride），这两种酯类广泛存在于很多海洋生物体内。例如，一只乌贼的脂肪中含有 27% 的蜡酯和 6% 的甘油三酯；冰磷虾富含蜡酯而缺少甘油三酯，南极大磷虾则富含甘油三酯而缺少蜡酯；鲸脂中含有 50%~80% 的蜡酯，其余为甘油三酯；深海鱼体内的大量蜡酯

※1 分布在亚南极的鹈燕（*Pelecanoides urinatrix*）是唯一一种雏鸟和成鸟体内都不含胃油的鹱，成鸟必须每天给雏鸟喂食。
※2 彻里 - 加勒德转述当时的最新研究成果，认为探险队员在 -18℃（冰架上的平均温度）的环境中从事体力劳动，需要摄入 7 714 卡路里的食物来产生 10 069 英尺·吨（将 1 吨重物举高 1 英尺）的能。参见《世界最险恶之旅Ⅱ》第 355 页。

被认为源自其捕食的桡足类动物（和磷虾同属甲壳动物）。

蜡酯和甘油三酯在海洋生物中的一个重要功能是能量代谢，也就是充当轻质"燃油"。人们发现，极地桡足类动物会在夏季囤积蜡酯，以备在冬季极夜期间启用[1]。原因在于，极夜统治下的海洋对植食性的浮游动物并不友好，暗淡无光的海洋表层此时难觅浮游植物，但依靠前期攒下的蜡酯，桡足类仍有体力完成蜕皮、交配和产卵等一系列生命活动。另一方面，缺少淡水的海洋实在太"干旱"了，桡足类便像沙漠里的骆驼那样，利用脂质代谢来产水，因此又被称为"海骆驼"（camels of the sea）。

鹱鸟可以直接从猎物中取水——其食谱中的大部分无脊椎动物和鱼类的含水量都有60%~80%，既是干粮也是水果。亲鸟把桡足类、乌贼、磷虾、鱼和鲸脂[2]吃进肚里，或者反吐出来"灌溉"到雏鸟体内，食物在消化过程中分解出的脂质，便以胃油的形式被存储起来[3]，成为一种便携式能源。浓缩了猎物精华的胃油，用代谢产生的热量和水，为鹱鸟堆积出了远洋生活的"驼峰"。

除了忍饥挨饿，极地鹱类新生儿还面临致命的低温。南极夏季的日间气温有时升到1~2℃，但寒冷才是不变的主角。F4中，除了雪鹱的巢建在石缝中有所遮盖，其他暴风鹱的巢不过是地面上没遮拦的浅坑，雏鸟在风吹雨淋中很容易失温致死。以斯瓦特哈马伦山的南极鹱繁殖地为例，那里的昼夜温度通常是-15℃~-1℃，并且经受着下降风的吹袭[4]。2011年末至2012年初的南极之夏，该地区发生了四次雪暴，

※1 冬季极夜期间，桡足类会下降到深海，待夏季海冰融化、藻类大量生长后，再上浮到海洋表层觅食。这种垂直洄游也存在昼夜模式，桡足类白天为躲避捕食者，会下降至较深水层，夜晚上浮至水面摄食浮游植物，使得追食桡足类的深海鱼类也表现出"昼伏夜出"式的垂直洄游习性。
※2 除了追逐海洋生物，鹱鸟也跟踪渔船，捡食渔获物的残渣碎屑，包括捕鲸船遗洒在海面的鲸脂。
※3 另据《鸟类学（第2版）》，鹱形目在繁殖季节可由前胃（proventriculus）的上皮细胞分泌类脂物，形成胃油来喂养雏鸟。
※4 与静止空气相比，当风速达每秒1米时，对于处在活跃状态（active-phase）的非雀形目鸟类，气温相当于降低了10℃。

两次出现在孵卵期（12月中上旬），两次在育雏期（1月下旬和2月上旬）。研究人员运用数学模型推算的结果是，暴风雪期间南极鹱平均每天损失12 000个巢，以18万对的种群规模衡量，相当于有7%的家庭宣告繁殖失败。2月上旬持续3天的雪暴，导致43只体重400克以上的雏鸟中有10只死亡，生死之间的差别不到100克——那些活下来的雏鸟在雪暴发生前的体重，比死于暴风雪的雏鸟平均重了85克。

如果一只小鸟体重增加1倍，根据体表面积、产热、散热与体重之间的比例关系，它的产热和热贮备的能力将增加1.26倍[18]。除了添脂肪，增长肌肉量也是雏鸟保命的手段。鹱类雏鸟为半早成鸟，刚出生时就具有体温调节能力，破壳后的第一件事是练习发抖——在冷环境下通过颤抖骨骼肌（胸肌、腿肌）来产热，从而迅速获得恒定的体温。在油和海鲜的猛料浇灌下，到了鹱科育雏后期，雏鸟体重将反超成鸟（离巢前为便于起飞，还要经历一次减重）。先期积攒的脂肪如同助推火箭升空的燃料，仿佛在宣称——"燃烧吧！暴风鹱！乘着风雪，飞向大洋！"

毫无疑问，若想在冷酷极地生存，长肉、增重是唯一的出路，但也会由此引来杀身之祸。贼鸥早盯上了催肥的油脂快餐——不限于F4，也包括巨鹱和企鹅的卵与幼雏。近代，鹱鸟又因肥得"流油"遭到人类贪婪的猎杀。在澳大利亚和新西兰，短尾鹱（*Puffinus tenuirostris*）和灰鹱（*Puffinus griseus*）被称为"羊肉鸟"（mutton-bird），雏鸟则被冠以"塔斯马尼亚乳鸽"之名。苏格兰西北部的圣基尔达岛上，暴雪鹱更是岛民们的经济支柱，因为每一只暴雪鹱幼雏可产油280毫升，这些油被出口用来制作防晒霜或者马的饲料，据说只需少量的油，就可以让马的皮毛油光锃亮。1976年，圣基尔达人"收割"了549 352只雏鸟，售油12 711升。有人这样形容暴雪鹱之于圣基尔达人："暴雪鹱点亮他们的油灯，填充他们的床垫，是摆上餐桌的美味，也是涂抹伤口的膏和医治疾病的药。"[19]新西兰查塔姆群岛上的莫里奥里人

（Moriori）则像鹱类那样"喝油"，而且专喝雏鸟的油。据说他们将鹱雏倒提起来，直饮鸟肚里流出的油。

胃油是鹱类父母送给孩子的宝藏，不仅"耐吃"，在紧要关头还是可以发射的"炮弹"。若论发射技术和炮弹质量，不同种类的鹱鸟有天壤之别。信天翁雏鸟只能将胃油喷向威胁来犯的大致方向，几种圆尾鹱（*Pterodroma* spp.）和白颏风鹱（*Procellaria aequinoctialis*）喷吐的油量过少，几乎是无效的防御。只有 F4 及其幼雏掌握了吐油绝技，用以精确打击 1~2 米范围内的任何对象[1]。人们曾经观察到，当双亲不在巢中时，南极鹱雏鸟挺身而出，担起了警戒的职责，向不怀好意的贼鸥喷射胃油。也有人曾经目击，花斑鹱超过 3 日龄的雏鸟熟练地朝贼鸥"开火"。如果贼鸥不幸"中弹"，羽毛被油浸透而缠结，可能会丧失飞行能力，或因隔热层破坏而失温丧命。如此一来，贼鸥自然明白，鹱类幼雏聚集的巢区约等于部署了"导弹防御体系"，不可轻易靠近。

在鹱鸟孵化的不同阶段，胃油呈现不同的颜色。人们观察到花斑鹱在产卵前吐出的是橙黄色油，在孵卵 4~6 天后油色开始变得暗淡，孵卵结束时加深为暗绿色（可能含有胆汁）。在中山站裸岩地带繁殖的雪鹱，羽毛上也常粘有明黄色的油渍，这类"挂彩"很可能来自同类的攻击——争夺配偶或巢址时，雪鹱会互喷胃油。但不同于无法自行清理油污的贼鸥，雪鹱为了清洁羽毛，会在干雪中"洗澡"，或者把喙插进雪中，使劲地甩头。这种行为有时让人误以为它们在吃雪。

受限于南极短暂的夏季窗口期，F4 的巢期——从产卵到幼鸟（juvenile）出飞只

※1 曾有研究统计了死在暴雪鹱（暴风鹱类的北方代表）胃油攻击下的各种鸟类，包括但不限于白尾海雕在内的各路猛禽（含猫头鹰）、苍鹭、鸥类，而少量雀形目据信是死于胃油喷射的"交叉火力"（Warham, 1977）。

有 90~99 天，比其他鹱科鸟类缩短了 28%。巢期的缩短主要发生在育雏期（雏鸟从出壳到长齐飞羽约历时 7 周），孵卵期的长度与其他鹱科鸟类相差不大。为此，F4 雏鸟的生长速率远超同等体型的鹱形目鸟类。银灰暴风鹱、花斑鹱、南极鹱分别比预期的生长率快了 215%、217% 和 200%，发育相对缓慢的雪鹱也以预期值的 156% 在成长。高速成长意味着高能量消耗，鉴于环境温度经常低于 0 ℃，F4 雏鸟在成长期间需额外支出较高的体温调节成本，每日代谢率最少也要比成鸟的基础代谢率高 1.2~1.5 倍[1]，导致雏鸟的总能量消耗（total metabolizable energy）比预期值高出 33%~73%。而 F4 成鸟为了维持正常体温[2]，静息代谢率也额外增加了 32%~56%，以此承受寒冷的负担。

霍普岛上的研究显示，5 日龄的雪鹱雏鸟在亲鸟停止暖雏、双双离去觅食后，必须将静息时的新陈代谢水平提高 212%，才能在 2 ℃的岩隙中获得对抗寒冷的热量。这部分用于维持体温的能量支出，也许是雪鹱相比其他暴风鹱发育迟缓的原因之一。此外，营洞巢的雪鹱是 F4 中暖雏时间最短的，只有 5 天左右；南极鹱、花斑鹱和银灰暴风鹱的巢裸露于地面，暖雏时间为 12~14 天。稍显意外的是，洞巢往往更冷。霍普岛上的雪鹱洞巢平均温度为 3 ℃，花斑鹱巢为 6 ℃，但洞巢由于避风、昼夜温差小，仍可视为具有热量优势[3]，从而为提前结束暖雏创造了条件。另外，体型较小的鸟钻进岩缝等现成的巢穴，虽然省却了筑巢的能量消耗，但我猜测雪鹱成鸟正是因为体型较小、能量储备有限，才不得不大幅缩短暖雏天数，以维持能量收支平衡。成鸟在何时停止暖雏显然经过了漫长演化的精心调校。以南极鹱为例，

---

[1] F4 雏鸟的最小代谢率在出壳后 8~15 天达到峰值，这也是双亲共同外出觅食、雏鸟"无人照管"的时期。随着日龄增加，雏鸟最小代谢率将逐渐降低，在出飞前回落至成鸟水平。
[2] 雪鹱和南极鹱体温约为 39 ℃，花斑鹱和银灰暴风鹱为 38.6 ℃。
[3] 北京师范大学张正旺教授在中山站的观测显示，雪鹱巢比外界环境温度略高。

破壳之初的 62 克重的雏鸟，在 0 ℃的环境中，每天靠亲鸟暖雏可比独自产热节省 81 千焦的能量，而一只 390 克重、15 日龄的雏鸟，每天则只能通过亲鸟暖雏节省 27 千焦的能量，这说明雏鸟已具备了"独立供暖"的可能。

研究者在仔细考察了霍普岛 F4 的抗寒机能之后，认为雪鹱和南极鹱的雏鸟保暖性较大多数高纬度地区的鸟类要好，同时这两种鹱大部分的出生地都在更靠南的南极大陆深处，可以看作是对寒冷的适应。但相比温带的非雀形目鸟类，F4 在保温方面并没有太多"过人之处"。真正引人注目的还是高能量消耗，尤其是考虑到它们没有采用降低体温的方式来节约能量。为了维持自身生存和胜任繁重的育雏工作，在高活动量的日常奔波中，南极鹱、花斑鹱的野外代谢率（field metabolic rate）比基础代谢率高了 3.5 倍，雪鹱则提高了 4.6 倍。这一比值也反映了父母喂养雏鸟的努力程度。不过，除信天翁外的 7 种在高纬度（45 度以上）地区繁殖的鹱鸟，该比值也为 3.5~4.5。看来 F4 的亲鸟并未比那些幼雏生长速度慢得多的鹱类更勤奋。研究者于是提出，保持高活动量，采取"积极的生活方式"，只是在高纬度低温环境下生存的充分条件，真正促进 F4 种群繁衍兴盛的秘诀，是南大洋无比丰足的食物资源。

在带回食物这方面，父母既要考虑孩子的需求，也要衡量自身的承受能力，这类微妙的博弈可以在一个换子实验中找到。在斯瓦特哈马伦山，科研人员交换了 100 个南极鹱家庭中的独子。他们先是从 177 对父母中间，挑选出 50 对身体状况良好的和 50 对较为孱弱的，随后将 100 只日龄在 16 天左右、体重不同的雏鸟随机重新分配给每个家庭。结果发现，体质出色组的父母会带回更多的食物。9 天后，这组"养尊处优"的小家伙已经比另一组雏鸟更胖了，更特别的是，这组父母显然评估过养子的营养状况，在喂养体重偏轻的雏鸟时果断加大饭量，使得输在起跑线上的孩子实现了逆转；而生活在孱弱家庭中的雏鸟，则无论个头大小，得到的食物量都差别不大，它们的养父母并没有"因材施喂"。道理看上去很简单，父母强则子女强。另一方面，来自环境的压力要求雏鸟必须足够强壮，日后才有望飞越200公里的冰原，去寻找大海里隐藏的餐食。因此似乎只要能力允许，父母就该喂给孩子更多的食物，助其快速茁壮成长。但换子实验表明，南极鹱不是一台简单执行指令的育儿机器，它们做出了"收支预算"。成鸟通过评估自身状况和雏鸟的发育程度，主动调节可投入的繁殖成本，努力维持平衡，不让生活的大厦崩塌。

另一项有关繁殖博弈的例证来自雪鹱。在东南极的阿黛利地地质学角群岛（Pointe Géologie Archipelago，Terre Adélie），科学家为年龄跨度9~46岁、正在孵卵的雪鹱测试了皮质酮（应激激素）水平。皮质酮水平越高，说明鸟类承受的压力越大。雪鹱夫妇在长达45天的交替孵卵中会损失1/5的体重，那些饿着肚子在巢中坐了5~9天的个体，皮质酮水平明显高于刚刚从海上捕食回来、准备换班的个体。对于鹱类而言，皮质酮上升、促乳素下降，一旦到达阈值，就像是体内出示的两张"黄牌"，两黄变一红，亲鸟将被"罚出场外"，不得不为了保全自身而弃巢。

从这一事实出发，研究者介绍了几种有趣的说法。首先，强烈的压力反应可能不利于生存，只有应激反应弱的鸟类才能存活足够长的时间，而所有的鹱鸟都很长寿，寿命接近半个世纪或更久；其次，年龄越大的鹱鸟可能会分泌越来越少的皮质酮来应对压力，因为见惯了风雨，已经处变不惊。研究者对刚刚觅食归来的雪鹱的测试印证了上述观点。老龄雪鹱的确具有更低的皮质酮水平，"淡定"仿佛是一个育儿老手的自我修养。许多研究也表明，海鸟随着年龄或经验的增长，繁殖成功率逐渐提升。

鸟类世界里，长寿与少生是一枚硬币的两面。寿命长的种类（如海上的鹱、信天翁、企鹅，陆上的雕、秃鹫）倾向于拥有较低的生殖力，亲鸟在少量后代身上投入大量精力，雏鸟成长缓慢，性成熟期延长，出生多年以后才能参与繁殖，不过一旦成年即拥有较高的存活率[※1]。这种被称为"k-选择"的成长模式与海兽不谋而合。所有海洋哺乳动物都具有较长的寿命，且个体成熟慢、初次生育较晚，产生的后代数量相对很少，但会精心养育后代。正常情况下，谨慎的"精英式"繁育并不会影响种群数量的增长，海兽与海鸟的种群规模仍会接近环境承载力。达尔文在《物种起源》中评价过暴雪鹱，说它"只生一个卵，然而人们相信，它是世界上最多的鸟"[20]。

在南极，暴风鹱类是仅次于企鹅的优势鸟类，虽然生物量[※2]不及企鹅，但在数量上胜过了后者。20世纪80年代，人们估算的南极鹱总数可达1 000万～2 000万只[21]，花斑鹱繁殖对的数量为12万～30万对，银灰暴风鹱有200万对（2007年的估算结果为100万对），雪鹱的种群数量推测为200万～400万只。凭借庞大的种群数量，暴风鹱类消耗掉的海鲜份额占南大洋全部鸟类消费量的20%~40%。

相比个体短暂的一生，物种演化的历史极为悠久。大约6 000万年前，鹱与企鹅分道扬镳，走上了截然不同的演化道路。前者过着"三栖"生活，在海里捕食，在陆地繁殖，在空中旅行；后者放弃了飞翔，堆积起海兽一般的脂肪，擅长潜水和速游，越来越像可以跳上岸直立行走的"海豹"。

1772年12月11日，库克（James Cook，1728—1779）船长在南纬54度以南第一次"看见一些体型如鸽，黑喙、黑脚的白鸟，是以前从来没见过的"。这就是彻里-加勒德称之为"比世上任何东西都更像精灵"的雪鹱，"它们是浮冰上的常客，除

※1 据《鸟类学（第2版）》，鸟类死亡率在1岁龄时较高，而后下降到成体的低水平。一般而言，生殖力随死亡率的上升而提高，寿命短的种类（如小型鸣禽和鸭类）倾向于具有较高的生殖力和较低的存活率，这种繁殖策略与k-选择相反，被称为r-选择。
※2 狭义的生物量仅指重量。

孵育外很少飞离浮冰"。威尔逊则将蓝天下群飞的雪鹱形容为"许许多多白蛾"和"闪亮的雪花",认为它们在浮冰间的飞行轨迹难以捉摸[22]。

"特拉诺瓦"号上,威尔逊每天清晨4点半起床,到甲板上对着日出素描,观看海鸟绕船而飞,完成他的科学画。2019年1月,"雪龙"船停靠新西兰后,船上也来了一位"威尔逊"——北京师范大学的鸟类学教授邓文洪,他在随后的

✳ "未见描述"邓文洪 摄

航行中担任鸟类和海洋哺乳动物观察员。根据他的统计，雪鹱是阿蒙森海遇见率排在第三位的鸟类，仅次于阿德利企鹅和帝企鹅，并估算出该区域的雪鹱数量为3 000~5 000只。

当船沿着南纬71度线由罗斯海向东驶往冰情复杂的阿蒙森海，有一天在3楼转角，隔着吸烟室的烟雾与海景窗，邓教授试图为我指出一只模样怪异的雪鹱。他刚刚从外面的甲板回来，相机冻得像一块冰。从照片上可见，这只奇特的个体以雪鹱的洁白羽色打底，翼上覆羽和腰部却沾染了些许褐渍，它的眼珠仍然乌黑如炭，隆起的管鼻却呈现梦幻的金黄。我们并没有再次找到这只鹱。在交给考察队的科学报告里，这份以照片形式存档的个体记录被命名为"未见描述"。

扫描二维码
查看拓展阅读

气象室外
有那么多的水

* 气象室

　　歌德在《亲合力》[①]里说："这种游船有一个小客厅和几间舱房，能使人们在水上照样享受到在陆地上的舒适。"这句话写自两百多年前，如今仍然适用于船上的一般情况。

　　"雪龙"船的生活区是一栋高7层、位于船艉的白楼，2楼可以算作它的"客厅"，因为贵宾接待室就在这一层。接待室的外墙布置了多幅中国南极科考历史照片，观感如同"校史陈列"。紧挨着接待室，是可容纳80人同时进餐的第二餐厅。第一餐厅在楼下，也被称为船员餐厅，面积小了很多，只有几排座位。船员餐厅门外有一个乒乓球台，球台四周的墙板上悬挂相框，展出极地主题照片，其中有一幅"雪龙"刷新国内船舶最南纬度航行纪录（南纬78度41分，罗斯海）时船长、领队在驾驶室外的合影，我一看拍摄者，竟然是我同事。实际上，白楼内从走廊、步行梯道到餐厅、住舱，都挂有极地照片，且都出自科考队员之手，在船内边走边看就像在参观极地风光摄影展。

在去"舱房"之前，这栋楼还有"地下空间"值得一看，即水面甲板以下的两层。去往负一层要先经过一个隐藏"景点"，那是一段号称"全船最陡"的楼梯。在负一层，除有几间实验室外，还辟出了一间多功能厅，用于举办讲座、会议或者文娱活动，作为厅内装潢的一部分，一张壁画般的冰山照片占据了半面墙，加之冷气开放，待得久了会油然而生一种冰镇感。负二层更让人意外，指示牌显示这里有篮球场和游泳池。沿着曲折的通道拐进篮球场，没有立在地上的篮球架，篮板直接安在墙板上，两边底线的距离不足半个正规场地，投篮时如果遇到船身颠簸，会产生乘坐电梯般的失重或超重感。泳池在通道的另一端，走近那一池水之后，更像是身处便民澡堂。不过只有在赤道海域才会从船底抽水注入池中，每天换水一次，开放时间不超过3天。泳池上方，一面墙上装饰着龙形图腾，另一面墙上挂着毛泽东诗词：不管风吹浪打，胜似闲庭信步。

白楼内有电梯运行，可从1楼一直开到6楼（穿越西风带期间和恶劣海况下，电梯关闭）。但为了熟悉各个楼层，你有必要爬爬楼梯，楼内共有两条步行梯道，对于初来乍到者不亚于迷宫。时间一久，根据挂在梯道里的照片，就能判断自己到了第几层。比如一旦看到"南极毛皮海狮"，就是到了6楼。

"雪龙"船员都住在4楼。船员把房间打理得像是温馨的小家，科考队员的房

间则更像青年旅舍。我的住舱在 5 楼，那是一间靠近左舷、面向船艏的"三人标间"，内有一张上下铺、一张当床用的黑色皮质沙发、一张摆放在长方形舷窗下的书桌、一把靠背椅、三个窄门铁皮衣柜、一个木制搁物架，配有独立卫生间，可淋浴。历数完这堆"家具"后，房间里的剩余空间恰好可以站下三个人。

到了实践歌德第二句话的时候，"彼此素昧平生而又漠不关心的人，只要在一起生活了一段时间，便会互相表露心迹，产生某种信赖"。我先熟悉了两位室友，随后扩展至这一层中的其他成员。隔壁有两名气象预报员，他们的工作地点在 6 楼。

6 楼又被称为船长甲板，住着船长、轮机长、政委、管事和网络工程师。还有一个长条形房间是气象室，拥有一整排面向船艏的窗户，可以看到船艏的白色大球（船载卫星遥感系统的天线罩）。这是全船看得到风景的房间中最为平稳的一间。当船航行在赤道无风带，天黑后我们走到气象室外的甲板区域，将相机放在护栏边堆叠的建筑板材上，镜头朝向红色吊臂托举着的苍穹，长曝光后就可以拍到较为清晰的星空。

上船后不久，我就四处寻找中意的拍摄地点。依照以往乘船出海的经验，我倾向于留在驾驶室或者船艉。海鸟绕船飞行，这一头一尾都是距它们较近的地方。然而在"雪龙"船驾驶室，进门脱鞋、出门穿鞋限制了反应速度，往往错过最佳的拍摄时机。船艉则难以靠近——至少在抵达中山站完成卸货之前。中国第35次南极考察装载物资量创下了历年之最②，达到了2 500吨（往年一般为2 000吨左右），船舯固定集装箱的条条钢索伸展至船舷，"封锁"了去往船艉的通道。如此一来，视野良好又平稳的气象室及其室外甲板区域，暂时成为我心目中的最佳观测地点。我在这里完成的第一件与记录动物有关的工作，是录制鲣鸟的叫声。

海上漂泊的鸟类是极度沉默的。如果说远山还能反馈一些回声，那么你休想从

大海中得到半点回应。鲣鸟本来也是不会轻易喊叫的，除非为了食物。它们有着如信天翁般高展弦比的狭长翅翼※1，深谙长距离飞行之道，整天不知疲倦地追随船只，伺机捡起"漏网之鱼"（渔获物残渣）或捕捉航路上惊起的飞鱼。有时几只红脚鲣鸟（*Sula sula*）共同冲向一个目标，在半空中就开始声嘶力竭地宣扬对食物的主权（这种竞争性的叫声也是一种避碰机

※ 红脚鲣鸟捕食飞鱼

※1 翼长与翼宽的比率为展弦比，展弦比越高，升力越大，适于长时间滑翔。信天翁展弦比为25，海鸥、雨燕为11，乌鸦为6，麻雀为5。参见《鸟类学（第2版）》第45页。

※ 俯冲入水的红脚鲣鸟

❄ 红脚鲣鸟争抢飞鱼

鲣鸟叫声

制）③，那激烈的吼叫听起来就像"嘎、嘎、嘎"，让人想起了鲣鸟的另一个译名："塘鹅"④。

在俯冲到海里捕食时，鲣鸟为自由潜水付出了独特的努力。首先它们不必担心在扎猛子时呛水。不同于鹱形目暴露在外的管状鼻，鲣鸟的鼻孔藏于锥形喙的内部，盐腺分泌物从内鼻孔流入口腔，再从喙尖滴出，这也解释了为何常能拍到鲣鸟喙尖悬着一滴水的照片。其次，鲣鸟体内有可膨胀的气囊，用于缓解"高台跳水"带来的冲击力。当它们从 30 米高空以每秒 24 米的速度俯冲入水时，略显鼓胀的身材看起来像个米其林轮胎人。再次，鲣鸟入水前向后折拢翅膀，做出三叉戟造型，其鱼雷型的躯干如同戟柄，成为克服浮力与阻力（水的密度是空气密度的 800 多倍，黏

※ 示意鲣鸟双眼视物

度至少是空气的 30 倍）的法宝。鲣鸟在入水瞬间几乎没有速度衰减，确保花最少的力气，更快地到达猎物所在的水层[※1]。此外，从入水到出水，鲣鸟根据猎物所处深度定制了不同的捕食策略，即 V 型（较浅）或 U 型（较深）的下潜上浮轨道[※2]，这得益于它们从空中事先定位[※3]水下的鱼群（鹲、鹈鹕和燕鸥也能做到这一点），当采取 U 型策略时，鲣鸟在水中划动翅膀或借助脚蹼游到更深处，有时也从鱼群的下方发动攻击，罕见的 W 型轨迹出现在反复追逐猎物时，但在上浮阶段，鲣鸟完全借浮力上升以节省体能。最后，鲣鸟像许多捕食者一样，靠双目视觉（binocular vision）感知距离和深度，同时对光谱上的紫色波段敏感⑤。

11 月 19 日，"雪龙"船由澳大利亚南端的塔斯马尼亚岛出发穿越西风带，一只孤零零的澳洲鲣鸟（*Morus serrator*）悄悄从船旁路过。澳洲鲣鸟与南非鲣鸟（*Morus capensis*）、北鲣鸟（*Morus bassanus*）同属⑥，该属成员在繁殖期常飞行数百公里出海觅食。1980—1998 年的每年 11 月 1 日前后，都有调查人员对分布于塔斯马尼亚

※1 鲣鸟凭借俯冲获得动量，有时无须用翅膀划水就能到达 10 米深度。例如南非鲣鸟能以每秒 2.87 米的速度下潜至水深 9.7 米处（Yan，2004）。

※2 澳洲鲣鸟 U 型与 V 型捕食方式的成功率分别为 95% 和 43%。在关于企鹅潜水的研究中也证实存在 U 型与 V 型两种捕食方式，并认为采用 V 型潜水是为了评估猎物密度，U 型则是胸有成竹的猎捕（Capuska et al.，2011）。另一方面，鲣鸟并非完全倚赖潜水捕食，也可贴近海面飞行从空中截获跃出的鱼，如红脚鲣鸟追捕飞鱼。

※3 有关澳洲鲣鸟的研究发现，U 型与 V 型的入水角度存在显著区别，分别为 70.5 度和 53.7 度，说明澳洲鲣鸟在入水前就已确定下潜深度，从而选用不同的入水角度（Capuska et al.，2013）。

的澳洲鲣鸟繁殖地进行航拍，从而确定种群数量的变化情况。除了澳大利亚东南沿海，澳洲鲣鸟也分布于新西兰的几处繁殖地，它们是仅次于粉嘴鲣鸟（*Papasula abbotti*）的稀有鲣鸟。但持续的种群数量监测显示，澳洲鲣鸟近年来经历了一次"人

※ 澳洲鲣鸟

口爆炸"，仅分布在澳大利亚沿海的种群就扩大了 3 倍，以每年 6% 的增速从 6 600 对激增到 2 万对（1999/2000 年度），是其他鲣鸟种群增速的两倍。

科学家开始寻找推动澳洲鲣鸟数量增长的第一块多米诺骨牌。他们考察了南方涛动（Southern Oscillation）对信风的方向和强度、上升流（upwelling）[※1] 活动及海洋表面温度的影响，因为全球尺度的海洋气候变化必然影响中上层鱼的种群波动。例如有研究认为，随着西北大西洋海洋表面温度升高，北鲣鸟更易捕到大西洋鲭鱼（*Scomber scombrus*），而澳洲鲣鸟的主要食粮——沙丁鱼（*Sardinops sagax*）的丰度也显示出与海表温度攀升之间的密切关系。

有报道称，沙丁鱼的分布范围扩大、数量增长、产卵量增加与东太平洋持续的暖水期有关。20 世纪 30 年代至 90 年代末，塔斯马尼亚岛北部的巴斯海峡越来越暖，海表温度从 16.6 ℃ 升高至 17.5 ℃。菲利普港与巴斯海峡相通，当地沙丁鱼捕捞量在 1949 年以前不到 10 吨，20 世纪 90 年代初猛增至 2 000 吨。研究者推测，陡增的沙丁鱼产量，使得海鸟的免费午餐——渔获加工废弃物 "水涨船高"。正所谓 "无心插柳柳成荫"，此种无意间的 "人工投喂" 与澳洲鲣鸟的数量增长密不可分。追根究底，变暖的海水可能就是引发这串连锁反应的第一张多米诺骨牌。

每一种鱼群都有最适栖息的水温、盐度和水深环境。渔民、海鸟和海兽全都熟知冷暖水交汇的地方渔获最丰，但这种交汇水域的位置时常变动。在我国东海，渔业公司摸到了水温这张王牌。1974 年是宁波海洋渔业公司捕捞大黄鱼的丰年，4 700 多吨大黄鱼占到了全年鱼类总产量的 20%，促成丰收的决胜法宝就是一份手绘的当

※1 受海底地形影响，大陆架和海山附近较易产生上升流，能把海洋深层的营养物质带到表层，为鱼类提供了丰富的饵料。因此，上升流显著的海区多是著名的渔场。

年东海月平均表温图。渔业公司只要掌握了实时水温、盐度和水深数据，就可以推算出渔场的大致位置[⑦]。

我们有必要再一次回到东南极毛德皇后地深处的斯瓦特哈马伦山，去看一看在南极鹱的头脑中，是否存在这样一张用于查看或推测"鱼汛"的图表。你可能还记得，在威德尔海以南的斯瓦特哈马伦山，南极鹱的主食不是鱼，而是磷虾。

在1996—1997年和2011—2014年的4个繁殖季里，共有167只南极鹱戴上了卫星跟踪器，其中149只传回了有效数据。它们在巢区北侧半径2 000公里的扇形海域内，"画"出了令人眼花缭乱的线团，那些造访最频繁的觅食区被涂抹成了一大块黑疙瘩。黑疙瘩的大小和边界每一年都不相同，说明磷虾集群出现的位置充满变数。南极鹱是如何找到磷虾的呢？内维特（Gabrlelle A. Nevitt）揭示了南极海鸟运用嗅觉追踪猎物的本领，简单说就是，受损（被捕食）的藻类会释放一种化学物质——二甲基硫醚（dimethyl sulfide）[⑧]，当磷虾在藻海里大快朵颐时，南极鹱能嗅到这种仿佛"求救信号"的化学气味[⑨]，从而循迹找到磷虾聚餐的海区。

每当春季海冰开始消融，预示着一场短暂的藻华（algal bloom）即将来临，那也是磷虾的盛宴开席之日。但要命的是，宴席是双重意义上的，这既是磷虾食藻的盛宴，也是食磷虾者的盛宴。海冰为磷虾提供了觅食栖息和躲避敌害的场所，然而海冰融化后，磷虾也就不再拥有头顶的"保护伞"。它们若想吃到藻类，就必须上浮到更靠近水面的位置，将自己暴露在空中的捕食者面前。一场"螳螂捕蝉，黄雀在后"的较量围绕海面展开：磷虾拼命吃藻，南极鹱则贴近海面搜索磷虾。最终，迫于被海鸟、鲸和海豹共同捕食的压力，磷虾将提前告别藻华"盛开"的"草原"，躲回幽暗的海洋深处。

如果嗅觉追踪足够灵敏，南极鹱在赴磷虾之约时似乎不该如此绕圈子。乍看上去，它们的觅食轨迹只是毫无头绪地乱撞，线头纠结的区域弥散到很大的范围，如同一支失控的圆珠笔在试卷上越描越黑。研究人员调取了冰层随时间变化与海水表面叶绿素浓度（反映了浮游植物的数量）的数据，发现当南极䱵产卵时（12月），繁殖地周围的海冰覆盖度为45%~80%，孵卵期和雏鸟破壳初期（1月底），海冰覆盖度降低为15%~30%。与此同时，12月初到翌年1月中旬，随着海冰开始融化，叶绿素a的浓度快速上升，并在冰层融化的第20~40天达到峰值（春季藻华），之后逐渐降低。

现在是南极䱵的觅食轨迹二次显影的时刻。海冰开始融化之前或之后10天，南极䱵加大了对融化区域的搜索力度，集中在距巢区300公里的海域，这显然是因为首先要突破200公里的天然冰障——包围斯瓦特哈马伦山的陆缘冰在整个繁殖季都不会缩减，而多出的那100公里大概是能最快抵达的当年最先开始融化的冰层；当冰层覆盖度小于20%时，南极䱵大多在开阔水域觅食，但它们的活动轨迹没有与冰层融化第20~40天时叶绿素a浓度达到峰值的地区重叠，相反，它们更偏爱冰层融化第50~60天的海域。

奥妙在于，南极䱵似乎"知道"，磷虾在藻华到达顶峰前会退缩回深海，所以将搜索时间限定在冰融之前或之后10天，确保不会错过磷虾上浮的阶段；南极䱵似乎还"知道"，藻华暴发之后，雌性磷虾将进入排卵期[10]，变得富含脂肪又有营养，卵巢重量可占到体重的42%，是绝佳的育儿食品。所以南极䱵将目光对准了冰层融化第50~60天、藻华落幕的海域。

威德尔海海冰消融发生在每年11月6日至翌年2月15日，但冰层的覆盖面积和融化时间因年而异，无法预知春季最先开始融化的区域。南极䱵不能参考上一年的经验去寻找食物，也不能根据水深等环境固有特征获得线索，海冰的样貌每天都

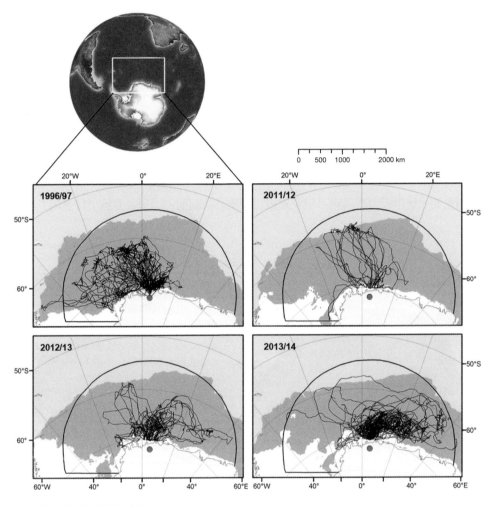

※ 斯瓦特哈马伦山的南极鹱的觅食轨迹 Fauchald et al., 2017 cc-by

在变化，它们必须飞到海上，实地查看浮冰消融的程度，进而"推断"磷虾的活动周期，当然气味信息也是辅助侦查的手段。每一只南极鹱都可以独立作出探索，也会通过观察其他觅食者的行动来追踪食源，因此那 149 只南极鹱的觅食轨迹最终缠绕成了一团乱麻。

开出藻华的冰间湖是一座"水上花园"。海藻充当花朵，磷虾模仿蜂群，寻味而至的捕食者，则掌握了"冰汛"的图表。同样，那张手绘的东海大黄鱼渔场月平均表温图，也吸纳了船老大们实时采集的水温数据。只不过，南极鸌通过眼睛看和鼻子闻就可以知晓海洋的消息，人类却要依靠仪器才能解读。

当"雪龙"船由北向南穿过赤道，途经巴布亚新几内亚附近，气象室外升起了一只白斑军舰鸟（Fregata ariel），它的滑翔轨迹像一只盘旋的风筝。在这天清晨，我刚来到 6 楼甲板，就遇到了气象预报员汪雷。我问他："早上看到了什么吗？"

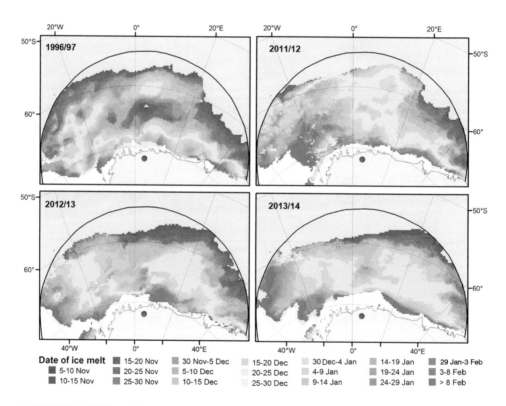

※ 威德尔海海冰融化时间 Fauchald et al., 2017 cc-by

他说："看到了。"

"是什么？"我问。

他指了指船的四周，说道："好多水。"

是啊，这样的回答再正确不过。因为比起南极磷虾，我们肉眼看到的大海，除了水几乎一无所有。

扫描二维码
查看拓展阅读

鹱与信天翁
也能梦见彩虹吗

※ 白尾鹲与红尾鹲 黄文涛 摄

　　跟随船只的海鸟如同绕行原子旋转的电子，它们依照各自的秉性，分处不同的层级而很少跃迁。在热带海域，最内层的电子一定是鲣鸟：红脚鲣鸟、蓝脸鲣鸟、褐鲣鸟。另有一些不安分的电子，会被船只短暂地吸引，却又很快脱离了轨道，消散于茫茫天际。

　　"雪龙"船进入南半球热带海域后，有一天我站在 1 楼船舷边，看到一只拖着两根白色飘带状尾羽的海鸟向远离船的一侧飞去。是鹲[①]。但这不是"雪龙"船此行遇到的第一只鹲。11月6日，"雪龙"起航离开上海的第五天，黄文涛（中山站激光雷达大气探测项目执行人）早早起床来到甲板上，在北纬12度、东经140度附近海域拍到了一张"一石二鸟"的照片——同框的白尾鹲（*Phaethon lepturus*）与红尾鹲（*Phaethon rubricauda*）[2]。它们一左一右，或曰一后一前，定格在蓝底证件照一般的天空里。从照片中能看出两者的体型差别，测量数据也将佐证这一点：红尾鹲算上35厘米长的中央尾羽，体长95~104厘米；白尾鹲的中央尾羽虽长达45厘米，但体型较小，总体长70~90厘米[3]。

世界上共有三种鹲，除白尾鹲、红尾鹲外，还有一种数量较少的红嘴鹲（*Phaethon*

※ 白尾鹲 黄文涛 摄于"雪龙2"

aethereus）^④。红嘴鹲和白尾鹲见于太平洋、印度洋、大西洋，红尾鹲则限于太平洋和印度洋，所以从理论上讲，在我国海域（西太平洋）应该有机会见全这三种鹲。但作为孤僻的远洋鸟类，除非在繁殖地附近（我国西沙群岛附近有红嘴鹲的繁殖种群），鹲在海上被目击的概率并不高。

鹲无论雌雄，都有飘逸的中央尾羽。它们是海上的丝带凤蝶，优雅的尾部装饰对飞行和潜水并无影响，反倒像是两股神秘的天线，于海天之间发射着无端的求偶信号。例如白尾鹲在巢址上空群聚飞行时，常伴有杂耍般的甩尾（tail drop）动作，即将中央尾羽向下弯折呈45度，通常是两只并排飞行的鹲同时甩尾。另一种炫耀方式是，群体中的某位成员在众目睽睽之下突然俯冲入海，表演潜水。

曾有研究比较了红尾鹲与红脚鲣鸟的潜水技能。每年12月，在南半球莫桑比克海峡南部的欧罗巴岛（Europa Island），红尾鹲与红脚鲣鸟同处孵卵期，都以远离海岸的飞鱼和乌贼为食，均采取俯冲潜水捕食。两者体重也很接近，红尾鹲重约800克，红脚鲣鸟重约900克，依靠俯冲积攒的动能，即可轻松潜入水深1~4米处。但在该研究中，红尾鹲普遍潜得更深，最大深度可达13米，60%的个体潜到水深4~8米处，一旦水深超过4米，它们就不太可能仅凭惯性下潜，需要用到脚蹼和翅膀的力量向水下推进；红脚鲣鸟的平均下潜深度为4.9米，最深记录为9.6米。

育雏期，红尾鹲的潜水深度显著变浅，90%的潜水发生在水深1~4米处，同时出海时长大幅缩短，由孵卵期^{※1}的4~6天减少为1天往返（这是由于雏鸟忍饥挨饿的能力不比成鸟）。在这一时期，红尾鹲对乌贼的捕获量有所增加，从占食物总量的46.5%提高到51.5%。不过，乌贼在夜间才上浮到真光层活动，昼间潜藏在400米以

※1 鹲的孵卵期与鹱科相近，为40余天。

※ 白尾鹲 摄于印度洋

深的水层，其他猎物如飞鱼等则多在白天出没。食物比重透露了鹲的工作模式，即昼夜捕食[⑤]。它们和鹱一样，将渔获存在胃中反吐给雏鸟食用，饲喂雏鸟的时段通常安排在上午。鹲每天都会给独生的后代喂食，但热带海域食物资源匮乏[⑥]，致使雏鸟发育十分缓慢。破壳两个半月后，雏鸟体重才暂时超过成鸟，虽然还要完成一次减重，但脂肪储量尚能应对出飞后不固定的饮食。

当南极地区的鹱鸟与低温、贼鸥和巨鹱等宿敌作战时，鹲面临的天敌困境要离奇得多。在夏威夷群岛，红尾鹲的卵和幼雏被人为引入的小型哺乳动物（家猫、红颊獴、老鼠等）捕食；在北太平洋中部的约翰斯顿岛（Johnston Island）上，红尾鹲饱受细足捷蚁（*Anoplolepis gracilipes*，又称"黄疯蚁"，英文名 Yellow Crazy Ant）的侵扰，随着蚁群不断入侵，孵卵时的成鸟或出壳后的雏鸟在巢中无处躲避，受到攻击也只能频繁梳理羽毛以去除蚁酸，但持续的理羽带来额外的能量损耗，或诱发成鸟弃巢，有些个体甚至遭蚁酸喷射致盲；在塞舌尔的阿里德岛（Aride Island），腺果藤属植物广泛生长，其中无刺藤（*Pisonia grandis*，英文名 Mapou Tree）果实成熟后会分泌黏液（简直就是植物界的"吐油鸟"），而白尾鹲主要是在阴凉的树根处繁殖[1]，果实一旦掉落很容易粘在羽毛上。无刺藤本来是想借助鸟类传播种子，结果却用力过猛，最坏的结果是使鸟丧失飞行能力，乃至活活饿死。在阿里德岛，死亡的白尾鹲成鸟中有超过 1/5 殒命于不可承受的"黏液之重"，种群数量已由 1975—1976 年的 1 万对，衰减至 1987—2000 年的 600 ~ 1 500 对。相关研究推测，如果不加以人工干预，该岛上的白尾鹲将在170年内灭绝。

不管物种自身的生存前景是否明朗，鹲的出现带来了鲜明的启示。我转身离开船舷，经过两道水密门，回到 1 楼生物实验室。实验台上本应摆满试剂瓶、分液漏斗、冷凝管之类的瓶瓶罐罐，因为尚未迎来南大洋生物和海洋化学调查的队员，现在只好空空荡荡。房间侧面有几扇圆形舷窗，透过敦实的双层玻璃，可以瞭望到左舷的海面。此后我将相机放到了 1 楼实验室，一旦窗外

※ 实验室舷窗

※ 舷窗

※1 在热带繁殖非常需要一处遮阴的地方，但具备地利优势的巢址很有限，鹲常为此争得头破血流。

※ 灰脸圆尾鹱

有鸟飞过，我便推门而出，追拍几个飞翔的瞬间。海水平静、天空晴朗的时候，舷窗一半浅蓝、一半深蓝，中间留下一道分界线。这条海天线随着船的晃动左右摇摆，像台校不准的水平仪。

比起躲进高高在上的驾驶室吹着暖风，站在船舷边迎着海风甚或雨雪，才是与"冲浪者"相遇的正确方式。船已行驶在澳大利亚以东海域，"羊肉鸟"（灰鹱和短尾鹱）开始出现，与之伴随的还有灰脸圆尾鹱（*Pterodroma macroptera*）[⑦]。用长焦镜头拍摄，这三个"浪子"在照片中仍然面目不清。它们很少靠近船舶，有时从海面上轻松荡起，挑出一记高抛物线，有时侧身俯冲，翅尖被浪花在视野中抹去。在分类上，灰脸圆尾鹱被分为两种，分布在新西兰及塔斯马尼亚附近海域的是真正名为 Gray-faced Petrel 的 *Pterodroma gouldi*；而原指名亚种 *Pterodroma macroptera*

※ 灰鹱或短尾鹱

macroptera 的英文名为 Great-winged Petrel，即巨翅圆尾鹱，较灰脸圆尾鹱缺少浅白色的前额，眼周黑色范围更大，见于南印度洋和南大西洋。

经过近半个月航行，"雪龙"船由上海驶抵澳大利亚塔斯马尼亚岛东南端的霍巴特港，接上后续抵达的队员，就要出发前往南极中山站。霍巴特港位于南纬 43 度，已经处在西风带范围。西方航海界有"咆哮的 40 度、狂暴的 50 度、尖叫的 60 度"的说法，由于缺少陆地阻隔，南太平洋、南印度洋、南大西洋三大海域连通，为地球上最强盛的穿堂风铺平了跑道。

在一张以南极点为中心、俯瞰南大洋的气压场和风场实况图上，总能数出七八个深绿色的低压中心。接连不断生成的气旋像是星系护卫着银心，有些趋于减弱，有些正在强盛。"雪龙"船要做的就是瞅准时机，从两个气旋中间穿越。但总有那么几次，船跑不过风，就会被气旋"吃住"，船上的人难免要吃些晕船的苦头。出于航行安全的考虑，航线此时不得不做出调整，绕道至西风带上的某个岛屿避风。

西风带上能看鸟吗？驶离霍巴特之前，全船广播通知，关闭所有楼层通向甲板的水密门，航行中不得私自开启。起航前，我从一个研究熊的朋友[1]那里得到的信

※1 这位朋友（吴岚）受邀为我供职的报纸撰写了极地科普问答的部分内容，其中一个问答的题目是："南极为什么没有熊？"

息是，鹱与信天翁都是"风来疯"，它们专挑大风天活动。可是到目前为止，我还没见过任何一种信天翁。

　　船往南方开，风从西边来，左舷处在背风一侧。我流连于 1 楼实验室外的左舷走廊，偶尔爬上 2 楼梯口的甲板，站在那里可以观察到左右两舷和船艉，海水像河流一样从视野两侧飞速流逝。"雪龙"正以 15 节左右的航速穿越西风带，船舶倾斜角度在 10 度以内，所遇最大浪涌不足 4 米，气旋边缘的海况还算平稳。

　　从船上向天上看，看不到卫星云图里气旋恢宏的"旋臂"。滞重云层覆盖了头顶整片天空，却不过是气旋的一个指尖。海面失血一般凝结为铅灰的反光，太阳畏惧西风的威力，一连几日躲在云层背后。海天之间的世界患上了抑郁症，茫然间却飘下了治愈的雪花，我被雪花吸引，从实验室走到舱外。降雪正被庞大的水体吞没，海风任性地清扫着甲板上的新雪。船舷边，海面不再平坦，波浪高低起伏，绵延成矮丘。在波峰浪谷间，神勇的海鸟降临。

　　一旦进入西风带，环绕船只的海鸟"电子"即刻被重新洗牌，鹈形目⑧全数替换为鹱形目。穿越西风带的 3 天时间，鹱与信天翁在船边聚散离合。穿梭于风暴之间的海鸟，也会见证船边浪花激扬的彩虹。虹是神与土地立下的古老约定，海是鹱类世代耕耘的良土，以下几小节文字将把鹱与信天翁拼接成一道南大洋上的海鸟彩虹。这道彩带填充了不同色调的鸟喙和羽毛，跨越在"雪龙"船的航线之上。

扫描二维码
查看拓展阅读

南极鹱穿过彩虹

粉红世家：大信天翁

11月19日，"雪龙"船进入西风带的第一天，我终于见到了信天翁。时近傍晚，海况与天色一同变得糟糕，一只体羽洁白、翼上黑白斑驳的信天翁划过凹凸不平的海面，布满噪点的照片为这位过客增添了几分"年代感"。巧合的是，它身上洁白的部分告诉我，这确实是一只已经不算年轻的漂泊信天翁。

信天翁[※1]的英文名 Albatross 源于阿拉伯语，原意是指鹈鹕硕大的喉

※ 漂泊信天翁（可能是年轻雄性个体）2018年12月27日摄于麦夸里至新西兰途中

囊，经西班牙语和葡萄牙语传入英语后，在词形和词义上都发生了改变。"alba-"取自拉丁语 *albus*，意为"白色的"。信天翁科（Diomedeidae）下列4属，其中 *Diomedea* 属为"大信天翁"（great albatross），包含两个超种（superspecies），即漂泊信天翁（Wandering Albatross）和皇家信天翁（Royal Albatross）。因有着粉红巨喙，它们占据了"海鸟彩虹"上红色的一端，是体长1.2米、平均翼展超过3米

※1 汉语里的信天翁最早是指苍鹭。洪迈《容斋五笔·瀛莫间二禽》："其一类鹳，色正苍而喙长，凝立水际不动，鱼过其下则取之，终日无鱼，亦不易地，名曰信天缘。"楼钥《书张武子诗集后》："或谓君不为岁晚计，君曰：'水禽有名信天翁者，食鱼而不能捕，兀立沙上……'"该名后来在日语中指称 Albatross，随后又"出口转内销"，成为中文里新的"信天翁"。

的现生鸟类"巨人"[※1]。

　　漂泊信天翁超种包含 4 或 5 个种，因种类、性别、年龄的不同，产生了令人眼花缭乱的羽色组合，以致任何一本涉及南半球信天翁的图鉴都会拿出最为庞大的篇幅对此详加辨析，同时一定不忘补上一句：海上观察时，不同种类的个体间羽色有时过于相近而难以区分。极其概略地讲，漂泊信天翁超种在幼年时皆有醒目的巧克力色体羽，年龄渐长后，躯干变白而翼上皆黑，或在翁部[※2]（mantle）与肘部（elbow）由中心向外围扩散出黑白"棋盘格纹"，且白色范围逐年扩大，像是墙皮脱落，尾羽末端有时沾黑色。与超种同名的漂泊信天翁（*Diomedea exulans*）[①]成鸟颈后和耳羽沾粉色（有文献认为这种粉色来自从管鼻喷出的胃内容物），年老会变得周身雪白，

※ 漂泊信天翁超种（可能是安岛信天翁）2019 年 1 月 3 日摄于新西兰至罗斯海途中（南纬 64 度）

※1 以 Royal 为名的动物一般而言都含有"之最"的意思，皇家信天翁超种拥有信天翁中（也是现生鸟类里）最大的翼展，为 2.9~3.51 米，漂泊信天翁超种的翼展为 2.5~3.5 米。
※2 指上背、肩及翼上内侧覆羽合成的一块羽区。

※ 漂泊信天翁超种（亚成个体）2019 年 1 月 23 日摄于别林斯高晋海域（南纬 66 度）

仅翼尖、翼后缘发黑；特岛信天翁（*D. dabbenena*）成鸟的翼上覆羽多为大面积的黑色；吉布森信天翁（*D. gibsoni*）[2]和安岛信天翁（*D. antipodensis*）通常戴一顶不大不小的"黑帽"；而阿岛信天翁（*D. amsterdamensis*）成年后依然身着巧克力色，且上下喙之间（下喙的上缘）具黑色咬合线（cutting edge），可与其他漂泊信天翁超种成员相区分。

皇家信天翁超种（两种）与漂泊信天翁超种在外观上也极相似，有经验的观鸟者可以凭观感或曰气质（jizz）进行区分[3]。比较而言，漂泊信天翁超种的成鸟远不如皇家信天翁那样白，有些辨识要点甚至总结说皇家信天翁"像刚从一袋面粉里飞出来"[4]。比如，皇家信天翁中不存在巧克力色的个体，也从不像漂泊信天翁成鸟那样在耳羽后侧沾粉色，全身除了翼上，几乎没有黑色的羽毛，翼上往往从前缘开始变白（漂泊信天翁翼上变白是由中心向外扩展），且尾羽大多洁白无瑕，可与漂泊信天翁区分。在非常近的距离下观看，漂泊信天翁胸前的白羽上有细小的黑色波纹（vermiculation，也译为蠹状斑），皇家信天翁的蠹状斑仅限于肩羽。此外，两个超种的巨喙（长度从 13~19 厘米不等）在近距离观察时也有所区别，皇家信天翁上下喙之间具黑色咬合线；漂泊信天翁超种中，除了阿岛信天翁有黑色咬合线，该特征不见于其他种。

　　除了喙、羽色、体型等体貌特征外，判断一只大信天翁的种类，有时仅能依靠地理位置辅助判别。漂泊信天翁超种中，同名种漂泊信天翁较多出现在南大西洋和南印度洋，较少出现在南太平洋；吉布森信天翁常出现在塔斯曼海（Tasman Sea）和中太平洋；安岛信天翁见于新西兰以东到智利海域（也可到澳大利亚以东）；特岛信天翁主要分布于南大西洋；种群数量仅有百余只的阿岛信天翁主要在南印度洋活动，但最远也可游荡至塔斯马尼亚以南。皇家信天翁超种的繁殖地在新西兰南岛附近的南太平洋海岛上，其中南方皇信天翁（*Diomedea epomophora*）繁殖于坎贝尔岛（Campbell Island），北方皇信天翁（*D. sanfordi*）繁殖于查塔姆群岛（Chatham Islands），但两者在奥塔哥半岛（Otago Peninsula）的泰阿罗阿角（Taiaroa Head）

※ 南方皇信天翁亚成（左）和老年个体 2019 年 1 月 1 日摄于新西兰至罗斯海途中（南纬 52 度）

有杂交个体。

　　暂且放下令人头痛欲裂的分类问题，来看看大信天翁的文学渊源。属名 *Diomedea* 源自特洛伊战争中希腊军队的英雄、阿尔戈斯王提丢斯之子狄奥墨得斯（Diomedes）。荷马在《伊利亚特》中讲述，狄奥墨得斯得到雅典娜的帮助，先后刺伤了美神和战神，后来即便被帕里斯的箭矢射中脚面，狄奥墨得斯仍然面无惧色，并在战场上慷慨陈词："渺小的懦夫放出的箭矢总是软弱无力，我的武器（投枪）却远非这样，只要有人碰上它，它就会锐利地扎进去，立即要他的性命。他的妻子将抓破面颊，孩子成孤儿，鲜血把泥土染红，肉体在原地腐烂，围绕他聚集的鹰鹫会比妇女还要多。"[5]

　　或许并非巧合，狄奥墨得斯以鹰鹫食腐的场面夸耀武力，而现代研究发现，以狄奥墨得斯为名的大信天翁确乎称得上是"海上的秃鹫"。在南印度洋克罗泽群岛（Crozet Archipelago）的漂泊信天翁（超种中的同名种）巢区，科学家[6]设法让 5 只成鸟吞下了测量胃内 pH 值及温度的传感器[※1]。每当大口吞食冰冷的南大洋海鲜，信天翁胃内温度都会大幅下降，通过记录下降的幅度与持续时间，可以估算其在海上捕获的猎物重量。

　　上述 5 只信天翁中有 3 只出海觅食。其中一只在 7 天后归巢并被取出了传感器，另两只信天翁归巢时胃内已没有传感器，可能在海上就已经吐出（如同吐掉难以消化的乌贼喙一样）。出于测试仪器的目的，还有两台传感器在被信天翁吞入几个小时后取出，这两只测试信天翁既没有离巢，也没有进食。

※1 这是一种包裹在钛外壳内的微型自动记录仪，长 11 厘米，直径 2 厘米，重 80 克，相当于信天翁体重的 0.9%，可随反刍吐出。

结果显示，出海 7 天的那只信天翁每一次胃内降温都伴随着 pH 值的升高。当它摄入 1 160 克的食物后，胃内的 pH 值从 1.35 升至 4.88，说明食物（混同海水）冲淡了胃酸。几个小时后，至迟在一天内，胃内会回复到之前的强酸水平，其本底值与坐在巢中的那两只信天翁胃内的 pH 值相近（1.5 左右）。这一数值显著低于以鱼为主食的海鸟，例如白眉企鹅（*Pygoscelis papua*）和王企鹅（*Aptenodytes patagonicus*），而与食腐的非洲白背兀鹫（*Gyps africanus*）的胃内 pH 值相近[※1]。

正如贝恩德·海因里希（Bernd Heinrich）所说："特别大的动物尸体数量不会很多，潜在食物之间的遥远距离可能不仅促进了陆地食腐动物大型化，还促进了一些大型飞行食腐动物的进化。"[⑦] 这段话是在讲翼龙和秃鹫，但用在漂泊信天翁身上也恰如其分。身为"海上的秃鹫"，漂泊信天翁的潜在食源同样可遇而不可求，包括乌贼、海鸟和海洋哺乳动物的尸体，以及人类渔获物的残羹。但信天翁绝非运气的赌徒，演化赋予它们长距离不停歇飞行的能力，这是一种快捷、低成本的空中搜索技能。相关研究发现：漂泊信天翁有 52% 的食物是在飞行时发现的，其余则是在海上"静坐"时碰上的。相比于飞行搜寻到的猎物，坐等遇到的猎物往往很小，仅占食物总重的 17.3%。如果考虑获得的能量与消耗的能量之比，飞行觅食的效率大约是坐等捡漏的 3 倍。

当今世界最大的秃鹫——安第斯神鹫（*Vultur gryphus*）的翼展同样达到 3 米，可以从几百公里外赶到出现尸体的地点。当秃鹫在天空翱翔寻找食物时，消耗的能量和在树上蹲着不动差不多[⑧]。漂泊信天翁在节省飞行成本方面毫不逊色，其种加词 *exulans* 的词干 exul 意为流放者，它们和秃鹫一样，将自己主动"流放"到空中。这也许完全谈不上辛苦。

[※1] 兀鹫类（Vulture）的胃很大，胃内的 pH 值（1.5）也很低，足以溶解尸骸坚硬的部分，尤其是骨头。

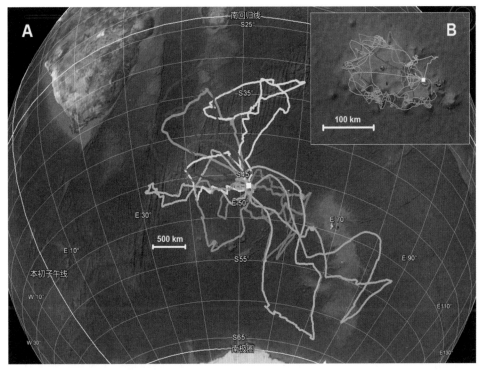

譬如在前肢的解剖结构上，信天翁演化出了独特的肘锁（elbow-lock），即骨化的肘部肌腱，也称籽骨（sesamoid），如同汽车挂挡一样可将翅膀锁定在伸展状态，而无需肌肉的持续收缩。这就等于将鸟翼"改装"成了飞机固定翼，再加上长而狭的高展弦比翅膀，本就适于长时间滑翔。

近年来的卫星跟踪数据表明，漂泊信天翁平均飞行时速可达 55 公里，并且有 10% 的比例保持在每小时 85 公里。曾有一只漂泊信天翁用时 9 周飞行了 25 000 公里，自西向东穿越了南大西洋与南印度洋。2011 年，研究人员为克罗泽群岛的 40 只处在孵卵期的漂泊信天翁成鸟佩戴了卫星跟踪装置，数据显示这些个体单次出海觅食时长从 3.6 天到 21.1 天不等[※1]，觅食距离为 475~4 507 公里，平均要飞 200 公里才捕食一次。

但是一只体重为 8.5 公斤的漂泊信天翁若想以每小时 70 公里的速度飞行，必须获得 81 瓦的动力，而一台产生这种动力的汽油发动机每天将消耗约 0.9 升燃料。人们按照粉脚雁（*Anser brachyrhynchus*）的模式推算[※2]，信天翁飞行 15 200 公里后，体重将会减少一半。

与粉脚雁不同，信天翁在飞行时完全不用振翅就能滑翔很远的距离，它找到了一种外在的动力来源——切变风（shear wind）。首先，海面处摩擦阻力最大，风速趋于零；其次，随着海拔增加，风速逐渐变大，且呈现强烈的梯度变化（切变风层）；再次，高于海面 4.5 米处，风速已与 10 米高处相近，梯度变化不再显著。也就是说，当信天翁在海拔较低处迎风飞行时，翼上通过的气流明显比翼下的气流速度快，风速差带来不竭升力，相当于在海上支起了一架永恒转动的风之摩天轮。于是，信天翁先贴近海面，迎风搭上"摩天轮"，爬升的同时身体逐渐转向侧风面，待攀升到高点时转而背向迎风，迅即顺风而下，在水平方向滑翔出相当于下降高度 20 倍的距离，随后再次转向迎风面，重复爬升—转向—下滑的冲浪式运动，此过程也被称作动态翱翔周期（dynamic soaring cycle）[⑨]。在时长约 15 秒、最高海拔为 15 米的翱翔周期里，信天翁的能量增益相对于迎风起点处高了 360%，其增益主要来自动能而非势能，飞行速度可从迎风时的每秒 10 米加速到顺风而下时的每秒 30 米，水平方向移动距离

※1 漂泊信天翁在孵卵期（1~3 月）通常到离巢较远的大洋觅食，育雏初期（4 月）则到距离巢址较近的陆架海域觅食。为满足雏鸟旺盛的营养需求，亲鸟在育雏初期会因频繁送餐、体力消耗过大而损失部分体重。等到雏鸟可独自留在巢中，父母会自我犒劳一番，重启远洋觅食之旅（飞到距离繁殖地 1 000 公里以外），送餐频率也从每月 27 次（5~7 月）逐渐下降至 5 次（12 月），从而趁机恢复自身体重。
※2 粉脚雁比漂泊信天翁更轻，飞得更慢，在飞行过程中每公里消耗 0.34 克体重。

超过150米。这150米就是信天翁的跬步，无数个15秒翱翔周期相连足以环绕地球。

彻里-加勒德在书中转述过威尔逊的观点，认为信天翁是在西风前面绕着地球一圈又一圈地飞，每年只在凯尔盖朗（Kerguelen）、圣保罗（Saint-Paul）、奥克兰（Auckland）等亚南极岛屿上停下来一次，孵育幼雏[10]。威尔逊猜对了信天翁浪游生活的部分真相。作为风的宠儿，信天翁的确能自如地搭上气旋的顺风车，但它们并不总是绕着地球转圈，而是有对特定海域的偏好。对个体而言，在其超过半个世纪的"大洋见闻"中，对觅食海域环境特征（如陆架坡折、海底山脉引发的上升流）的了解随年龄增长而愈加深刻。比如，同样是在空中搜索，年老的漂泊信天翁熟知家门口所有"菜市场"的位置，表现出更小的觅食半径（5公里）；年幼

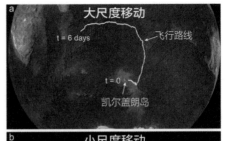

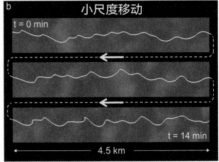

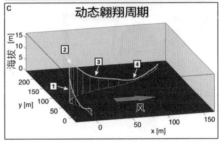

※ 图 a 显示了一只漂泊信天翁从凯尔盖朗出发，6 天飞行 4 850 公里的路径。图 b 显示了 4 850 公里中一段 14 分钟的运动轨迹，可以看到皆由曲折式的前进构成，没有直线形的飞行。图 c 展示了信天翁的动态翱翔周期（15 秒）。Sachs et al., 2012 cc-by

的信天翁欠缺对繁殖地附近觅食区域的"地方性知识"，只好使用半径 60~90 公里的大范围搜索模式，不过在觅食成功率上却并未逊色于长辈们[11]。

漂泊信天翁在捕食时还会遇到一个悖论式的难题：一方面，下一顿食腐大餐不知会在何时、何处开席，一旦逮住机会，除了孤注一掷地暴饮暴食，似乎也别无选择；

另一方面，暴饮暴食的后果是体重猛然增加，漂泊信天翁胃的容积为 3~4 升，可一次摄取超过自身体重 30%、重达 3.2 公斤的食物。如果风力条件不佳，超重的漂泊信天翁很难再次起飞，这就是它们经常在海面滞留数小时的原因。

但信天翁没有就此"堕落"成企鹅，而是一次又一次重返天空。解决办法正是借助胃中的高酸环境（pH 值偶尔可降至 0.51）。吃完丰盛的一餐后，信天翁能够极其高效地消化食物，从而达到减重的目的，以便再次跟上盛宴的节拍。

掌控这节拍的或许是乌贼。漂泊信天翁年初产下的卵在 3 月孵化[1]，从 3 月中旬到 6 月仲冬，克罗泽群岛上的研究人员诱导信天翁雏鸟反吐了亲鸟饲喂的食物，得出乌贼、鱼和腐肉的比例为 74.8%、17.6% 和 7.6%，并通过乌贼喙的长度特征，识别出信天翁捕食的主要乌贼种类是爪乌贼科（Onychoteuthidae）的科达乌贼

※ 中国第 36 次南极考察队在阿蒙森海捕获的科达乌贼　赵宁供图

（*Kondakovia longimana*）和南洋力士钩鱿（*Moroteuthis ingens*），且被捕食的乌贼 90% 以上都为成年个体，其中科达乌贼成体平均体长 48 厘米、重约 2.7 公斤[2]。面对这样大的猎物，漂泊信天翁（单独或几只一起）只能将其撕碎后再吞食，巨鹱往往也会加入食客的行列。

※1　大信天翁在南半球的春天交配，12 月或翌年 1 月初产下一枚 390~560 克的白色卵。双亲交替（2~12 天换班一次）孵卵 11 周后，雏鸟大多在 3 月破壳，父母轮流看护、饲喂幼雏 4~6 周，随后减少回巢喂食的频率。待到又一年春天来临，雏鸟出壳 7~10 个月后，飞羽一旦长齐，随即开始独立生活，父母则进入"间隔年"，暂停繁殖以完成换羽。出飞后的未成年鸟（immature bird）要在海上漂泊 6~10 年，才会回到出生地考虑终身大事，但首次繁殖年龄通常为 11~15 岁。在奥塔哥半岛的泰阿罗阿角，一只外号"奶奶"的北方皇信天翁在 60 多岁的高龄仍在繁育下一代。
※2　中国第 36 次南极考察队在阿蒙森海做中层鱼调查时，曾意外捕到一只 1.5 米长、7.5 公斤重的科达乌贼。

有个问题是，漂泊信天翁从不潜水捕食，而爪乌贼科通常在深海活动（只有深潜的抹香鲸能吃到爪乌贼科强壮的成年个体），它们是如何被信天翁抓住的？一条重要的线索隐藏在信天翁的胃内容物里——其中含有乌贼的精囊。如同红鲑（*Oncorhynchus nerka*）一样，爪乌贼科成年个体一旦开始繁殖，也就走向了生命的终点：亲体在深海交配产卵后，便因体力耗竭而亡，衰败的尸身浮上海面，成就了信天翁的免费大餐。

　　乌贼盛极而衰的个体生命周期带来了跨越物种的红利。科达乌贼与南洋力士钩鱿的交配产卵季，正是漂泊信天翁雏鸟急需大量营养、频繁进食的时期。或者不如说，信天翁是在"等候"乌贼在冬季产卵后成群死去，于是将育雏时间调整到与乌贼的死亡节律同步。当大多数浮游生物已迁往更深水层准备越冬时，如果没有乌贼的"献身"，破壳时体重七两（350克）左右的漂泊信天翁雏鸟，将难以熬过南大洋的食物匮乏期，更不要提在接下来的10个月里长成8公斤重的大海鸟了。

　　在体重方面，雄性漂泊信天翁（8~11公斤）比雌性重了20%。"重男轻女"的现象从它们还是雏鸟时就存在了。雄雏每个月都比雌雏摄入更多的食物，到出飞前总计会吃掉195公斤的食物，而雌雏的食量为180公斤。克罗泽群岛上的观察表明，采取"重男轻女"喂食策略的是雌性亲鸟。雄性亲鸟对待幼雏一视同仁，不会根据性别调整喂食量，但相比雌性亲鸟能带回更多的食物。育雏期结束时，被母亲开过小灶的雄雏可以长到10公斤，比雌雏重了整整1公斤。

　　成年后的大信天翁在婚姻生活中，也像其他鹱鸟那样过着聚少离多的日子。完成繁殖任务后，大信天翁夫妇即各奔前程，在长达一年的非繁殖期里"形同陌路"，如同占有不同生态位的两个物种，在各自偏好的海域里觅食。体重更重的雄鸟能适应气候更恶劣、温度更低的南方海洋。

自20世纪90年代初以来，人们对南乔治亚（South Georgia）岛鸟岛（Bird Island）上已知性别和年龄的263只漂泊信天翁繁殖个体（142只雄性，121只雌性）进行了卫星追踪，共获得399条完整的觅食轨迹，涵盖了从孵卵到育雏的整个繁殖周期（1至12月）。它们的觅食海域主要为西南大西洋，最北可到南纬28度（繁殖地纬度为南纬54度），少数个体横穿德雷克海峡（Drake Passage）来到了东南太平洋。双亲在孵卵期（1至3月）都作过最南到南极半岛的长途觅食，而在育雏后期（5至12月）只有雄性会来到遥远的南极半岛。由于雌性通常在雄性活动范围以北的温暖海域觅食，更有机会"偷窃"渔获物或鱼饵，这也使得雌鸟更易受到亚热带延绳钓作业（南纬30~40度）的致命伤害[1]。1999—2012年的13年间，死于延绳钓的134只漂泊信天翁中，约有100只正是在育雏后期受害——其中有62只识别出性别，46只是雌性成鸟。只有在雏鸟需要双亲轮流照看的育雏初期（4月），雌雄双方的觅食范围才局限在距繁殖地很近的海域，这也是它们受延绳钓威胁最小的时期。

南乔治亚岛曾经拥有全球第二大的漂泊信天翁繁殖种群，但已从1984年的2 230对下降到2004年的1 553对[2]。对于秉持一夫一妻制的信天翁，配偶一旦死亡，高龄雄鸟很难找到新的伴侣，因为年轻的雄信天翁对异性更具吸引力。但由于雌鸟死亡率远超雄鸟，幸存的年轻雌鸟不得不提前进入角色，以致比它们母亲的初次繁殖年龄普遍小了一岁。

※1 彻里 - 加勒德描述过他们如何用绳子"钓"信天翁，方法是将一根末端绑有钉子的绳子扔进海里在船舰拖曳，当信天翁追逐船上丢弃的食物时，翅膀有时会碰到绳子，这时鸟意识到情况不妙开始在空中打旋，但绳子一旦绕上翅膀便会越缠越紧，于是便可以将鸟直接拉上船。这其实与延绳钓对鸟造成伤害的方式如出一辙。参见《世界最险恶之旅Ⅱ》第86页。
※2 大信天翁中的所有种类都在 IUCN 的濒危物种红色名录上。特岛信天翁和阿岛信天翁为极危，北方皇信天翁为濒危，漂泊信天翁、安岛信天翁和南方皇信天翁为易危。

即便觊觎船上的"残羹剩饭"，大信天翁也很少贴近船舶飞行，多数时间在船艉兜着圈子，拒人于"千里之外"。它们有理由保持傲慢，那些年老的个体见识过南大洋近半个世纪的风雨，跟过的船舶一定比我拍到的海鸟和海兽加在一起还要多。从新西兰以南（南太平洋扇区）至中山站海域（南印度洋扇区），至少分布着5种大信天翁——漂泊信天翁、安岛信天翁、吉布森信天翁、北方皇信天翁和南方皇信天翁。如果你"恨"一个人，就派他到南大洋上去识别大信天翁吧。

扫描二维码
查看拓展阅读

金线世家：大海鸟

这节介绍 mollymawk[※1]，即 *Thalassarche* 属 ① 的信天翁（仅限于我在"雪龙"航线上见过的几种，主要为分布在南印度洋和南太平洋的种类）。因喙尖或是全喙沾染橙黄，我将它们列入彩虹的黄色谱系。

我碰巧看见澳洲鲣鸟赶路的那一天（11 月 19 日），一只白顶信天翁现身在白头浪[※2] 翻涌的海面。它的配色像是一位乡村绅士：戴一顶白礼帽，系雅灰色的领结，穿白衬衫、黑西服。再聚焦到面部，会发现它在喙尖涂抹一道赤金唇彩，与喙侧、喙上的青灰形成鲜明对比，烟熏妆眼影延伸至眼先，使得"表情"看起来有些忧郁。

※ 塔斯马尼亚信天翁 2018 年 11 月 19 日摄于塔斯马尼亚南部

※1 mollymawk 一词见于《世界最险恶之旅Ⅰ》（第 73 页），被译为大海鸟，特指小型信天翁。有资料说该词源自荷兰语 mollemok，最初指臭鸥。《海鸟的哭泣》（第 319 页）也出现了"大海鸟"一词，并说该词在古荷兰语中的意思是"蠓虫"（midge）。
※2 海面上出现白头浪代表浪高至少在 2 米以上。

与漂泊信天翁、皇家信天翁类似，白顶信天翁也是超种，可分作 4 种：
Thalassarche cauta（英文名 Shy Albatross[②] 或 Tasmanian Albatross），*T. steadi*（英文名 White-capped Albatross），*T. salvini*（英文名 Salvin's Albatross），*T. eremita*（英文名 Chatham Albatross）。前两种又被称为羞怯型信天翁（shy-type albatrosses），在有些文献中被视为白顶信天翁的两个亚种，但是来自形态、系统发育和种群遗传的研究都支持它们是独立的物种。两者在外观上具体而言有两点差别，一是 *T. cauta* 体型比 *T. steadi* 稍小[③]，二是喙尖虽皆为黄色，但前者上喙基部也染黄，后者上喙基部仍为青灰，是近距离观察时重要的区分点。由于外观差别甚微，在海上观察时最好是结合繁殖地信息判定种类。

那么，"雪龙"船从塔斯马尼亚南端进入西风带时（11 月 19 日），出现的应为 *T. cauta*（或称"塔斯马尼亚信天翁"），其繁殖地为塔斯马尼亚周边的三个岛屿，即信天翁岛（Albatross Island）、默斯顿岛（Mewstone Island）和佩德拉布兰卡岛（Pedra Branca Island）。除信天翁岛位于巴斯海峡以西（塔斯马尼亚西北角），后两个岛都处在塔斯马尼亚以南（南纬 44 度附近）。近年来的调查显示，塔斯马尼亚信天翁在信天翁岛有 5 200 繁殖对，默斯顿岛有 9 500 对，佩德拉布兰卡岛有 170 对，种群数量约为 55 000~60 000 只。

11 月正值塔斯马尼亚信天翁的孵卵期（9 月产卵）。不同于大信天翁两年繁殖一次[※1]，塔斯马尼亚信天翁每年都会繁殖，巢址为年复一年使用的土墩儿（泥壁掺杂草茎，外观略像马桶），每次只产一卵，雌雄双方交替孵卵约 73 天，雏鸟大多在

※1 除大信天翁外，其他种类的信天翁中，只有灰头信天翁（*Thalassarche chrysostoma*）、灰背信天翁（*Phoebetria palpebrata*）和乌信天翁（*Phoebetria fusca*）会隔年繁殖一次。但近年来的研究发现，新西兰亚南极岛屿上的白顶信天翁也有隔年繁殖的现象（Thompson et al., 2011）。

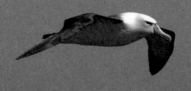

※ 白顶信天翁 2018 年 12 月 28 日摄于新西兰南部海域

12 月破壳。此后父母轮流照管、饲喂雏鸟 3~4 周，再经 14~16 周无需看护的喂食，4 月幼鸟出飞，并在海上飘荡至少两年才会回到出生地（初次繁殖年龄一般为八九岁）。虽然大部分幼鸟及未成年鸟仍留守澳大利亚海域，但少数"愣头青"会横穿印度洋至南非海域，表现出雄心勃勃的探索欲④。不过，比起在非繁殖期到远方漫游的大信天翁，成年塔斯马尼亚信天翁是彻底的"保守派"，只在距繁殖地 300 公里以内的范围游弋，全年都不会远离繁殖地。

　　12 月 26 日至 28 日，"雪龙"船由南向北穿越西风带，我在麦夸里岛（Macquarie Island）海域（南纬 54 度附近）和新西兰南部两次记录到白顶信天翁（*T. steadi*）。白顶信天翁繁殖地主要在南纬 49~51 度间的奥克兰群岛（Auckland Islands）和安蒂波德斯群岛（Antipodes Islands）^{※1}，种群数量据估算约为 42.5 万只。尽管这是新西兰亚南极岛屿上繁殖数量最多的信天翁，但人们对其繁殖习性所知不多。通常认为它们 11 月中旬开始产卵，翌年 2 月雏鸟出壳，6 月出飞。亲鸟在繁殖期游荡于新西兰海岸，也会穿越塔斯曼海到澳大利亚东南部水域觅食。对 25 只白顶信天翁的跟踪定位显示，其中 16% 的个体穿越印度洋迁徙到了南非和纳米比亚海域。

根据"雪龙"航线，结合繁殖地信息，就能合理地解释这两种信天翁的出现。但这中间隐藏了令人不安的事实。它们短暂地出现在"雪龙"周围，除了繁殖地就在附近，另一个重要原因就是追逐渔船的习性使然。虽然科考船没有渔获物的"红利"，但对信天翁而言，只要是船舶都值得"考察"一番。

白顶信天翁食谱中常见的新西兰鱿鱼（*Nototodarus* spp.）也是渔船拖网作业的主要目标，86% 的新西兰鱿鱼拖网作业发生在 1 月至 3 月，作业地点靠近白顶信天翁的繁殖地，使得它们成为新西兰渔业捕捞中最常被误杀的海鸟之一。2006 年 2 月 3 日至 11 日，科研人员为 19 只白顶信天翁佩戴了卫星跟踪装置，共记录到 25 次觅食旅行，平均每趟行程会与 10 艘拖网渔船发生"互动"。更令人揪心的是，就在调查进行的同一时间，7 只白顶信天翁（不在那 19 只中）在新西兰鱿鱼拖网作业中丧生。而 1996—2002 年从新西兰渔场收集到的白顶信天翁死亡个体中，有 1/3 死于 2 月份的拖网"谋杀"。

正应了里尔克那句话，"这仓促的收益近于亏损"^⑤。白顶信天翁在"窃取"渔获物或鱼饵时，一旦被渔网缠绕或被鱼钩钩住，就会踏上溺毙的不归路。无论成幼，白顶信天翁活动范围都很大，人们发现在南非的渔业捕捞作业（包括拖网和延绳钓）

※1 99% 的白顶信天翁繁殖于奥克兰群岛中的三座岛屿，并且 95% 的种群都集中在失望岛（Disappointment Island）。奥克兰群岛同时也是吉布森信天翁的主要繁殖地，安蒂波德斯群岛则是安岛信天翁的繁殖地之一。

中，被误杀的白顶信天翁占到了羞怯型信天翁的95%以上，估计每年因渔业误捕死亡的羞怯型信天翁达8 500只，其中3/4死于拖网，1/4死于延绳钓。这一数据来自塔斯马尼亚大学的研究者巴里·贝克（G. Barry Baker）作为第一作者发表于2007年的研究论文。

贝克曾在2006—2013年到奥克兰群岛实地调查，得出白顶信天翁繁殖种群数量为90 141对，调查期间其种群规模并未显出预计的下降趋势，因此他怀疑副渔获量（bycatch）[※1]有可能被高估了。2016年，贝克的博士论文发表，他沿用2007年的研究成果，修正了羞怯型信天翁在渔业威胁下种群衰减的模型，结果发现若照此继续发展，30年后白顶信天翁和塔斯马尼亚信天翁的数量仍将分别减少30%和28%。

为减少延绳钓对信天翁造成的伤害，2014年7月至10月，贝克还专门跑到南非开普敦的渔船上，测试一种"智能金枪鱼钓钩"（Smart Tuna Hook）。这种钓钩采用特殊设计，增加了一个圆形金属罩，对钩子和倒刺形成遮挡，降低了海鸟啄食饵鱼[※2]时鸟喙被钩住或误吞鱼钩的风险。同时，金属罩的自重（38克）加速了鱼钩的下沉，让海鸟来不及追食饵鱼。此外，罩与钩的连接处采用了易腐蚀材质，浸入海水10~20分钟后就会断裂，罩子随之被释放，但此时鱼钩及饵鱼到达的水深已经大大超过了海鸟潜水觅食的深度，对鸟类也就不再构成威胁。

在三次延绳钓作业中，作为对照实验的传统鱼钩（每艘船一般会布放900~1 500个钩子）误捕的海鸟数量为11只，而智能鱼钩误捕到的海鸟仅有两只。贝克利用模型推算得到的结果是，采用智能鱼钩将使副渔获量减少81.8%~91.4%，并且对商业捕鱼不构成影响。在贝克进行实验的海域，为了减轻延绳钓误捕危害，已提倡渔民在

※1 被渔业捕捞误捕的海鸟或其他非目标渔获物，称为副渔获物，此处指被误捕的羞怯型信天翁的数量。
※2 饵鱼为整只的阿根廷鱿（*Illex argentinus*），也译为阿根廷滑柔鱼，英文名 Argentine Short-fin Squid。

夜间布放钓线，并增加钓线配重（使鱼钩更快下沉），但副渔获量仍然超过了1‰（每1 000个钩子误捕1只鸟）。贝克认为智能鱼钩如能得到广泛应用，将有望实现副渔获量降低至0.05‰的目标。不过他也提到，要想彻底扭转渔业误捕的情况，需要各方面的努力，包括立法、政策引导与行业激励等。或许，还需要更多像贝克这样身体力行的研究者——不只从数据的角度看待海鸟，而是能设身处地地为海鸟寻求保护，比如从改良一个微小但致命的鱼钩做起[※1]。

其他体型稍小[※2]的"大海鸟"同样受到渔业误捕威胁。南极海洋生物资源养护委员会（CCAMLR）2005年的评估显示，每年有3 000只灰头信天翁（*Thalassarche chrysostoma*）[⑥]和1 370只黑眉信天翁（*Thalassarche melanophris*）[⑦]死于日本南方蓝鳍金枪鱼（Japanese Southern Bluefin Tuna）延绳钓渔业。2010年前后，黑眉信天翁已被列为最常见的副渔获物之一，在西南大西洋的远洋延绳钓渔业中，黑眉信天翁的误捕率为0.276‰，而每年布放的鱼钩数量仍有数亿个。

2009—2010年的南半球夏天，来自英国剑桥的研究人员为南乔治亚岛上的9只黑眉信天翁和10只灰头信天翁安装了追踪器和深度记录仪，发现它们在育雏初期（雏鸟破壳不久，尚需亲鸟轮流陪护）的觅食旅行中，95%以上的潜水行为都发生在白天，其余则在傍晚，但没有夜间潜水的记录。这直接推翻了以往关于信天翁主要在夜间觅食的认知，特别是曾经认为灰头信天翁主要以垂直洄游（即白天躲藏在深海，夜间上浮至海洋表层）的乌贼为育雏食品。其实，早先有关信天翁视觉的研究就发现，它们更擅长在白天搜寻猎物[⑧]，而包括内维特在内的科学家也用实验证实，虽

※1　其他对延绳钓渔具的改良还包括使用驱鸟线（tori line）以及用机器在水面以下布放鱼钩。另有报道称，近两年有一种叫作钩荚（hookpod）的装置被新西兰和巴西的延绳钓作业采用，其原理与智能鱼钩类似。
※2　白顶信天翁是"大海鸟"中体型最大的，体长90~100厘米；灰头信天翁体长70~85厘米；黑眉信天翁体长80~95厘米。

然嗅觉线索可以引导信天翁前往觅食区域，但在捕食时它们更依赖视觉而不是嗅觉。这也正是提倡延绳钓渔船在夜间作业的原因所在，当信天翁看不清鱼钩上的饵鱼时，死亡陷阱也无法将信天翁揽入怀中。

南乔治亚岛的研究记录下了信天翁的潜水深度。黑眉信天翁、灰头信天翁以及后文将要提到的灰背信天翁在潜水时的平均深度都不超过 1.5 米，其中黑眉信天翁、灰头信天翁的最大潜水深度分别为 6 米和 3.4 米，平均潜水持续时间为 2.5~3.3 秒。相比"浅尝辄止"的信天翁，体型较小的风鹱（Procellaria spp.）更擅长潜水，例如灰风鹱（Procellaria cinerea）和白颏风鹱能潜到的最大深度分别是 22 米和 17 米。不过，恰恰是凭借出众的潜水技能，风鹱有时会从深水中将带饵的鱼钩携至水面，这时信天翁就可以接近饵鱼，从而再次处于危险之中，甚至有报道称死于延绳钓的信天翁中有 41% 是源自对鱼钩的"二手"接触。而如果能在以白颏风鹱为优势种的海鸟组团捕猎区域，综合运用驱鸟线、加重钓线和夜间布线等措施，则可以有效降低二次伤害。

11 月 21 日——"雪龙"穿出西风带的前一天，并不平静的海面上，大约在南纬 57 度的位置，灰头信天翁、黑眉信天翁相继出现。

灰头信天翁 12 厘米长的喙上贯穿着一道真正的"金线"。其嘴峰（culmen）[1]和下喙底面各有一条明亮的金黄饰线，与炭黑的喙侧衔接，看起来如同黑黄相间的刀鞘，且上喙的钩状尖端挑染了一抹桃红，下喙尖端乌黑如铁。与灰头信天翁长相酷似的亲戚——新西兰信天翁（Thalassarche bulleri）[9]也拥有一副造型雷同、极具辨

※1 据《鸟类学（第 2 版）》第 146 页，通常测量的喙长指嘴峰的长度，即从喙基与羽毛的交界处，沿喙正中的隆起线，量至上喙喙尖。

※ 灰头信天翁 摄于 2018 年 11 月 21 日 南纬 57 度、东经 144 度附近海域

识度的喙，但是有了一些微小的区别。后者的
金带在上喙基部更宽，且上喙尖端完全为明黄，
下喙底部的黄线向尖端和两侧延展更多。简言
之，在海上观察时，新西兰信天翁上下喙的黄
色勾边要比灰头信天翁醒目得多，并且新西兰
信天翁前额为明亮的银白或银灰[1]，灰头信天
翁头顶羽毛为较一致的鼠灰色。此外也可通过
翼下的黑白比例来区分，灰头信天翁翼下前缘
和肘部的黑带较新西兰信天翁更为浓重。

※ 灰头信天翁（同一只）示意翼下

[1] 新西兰信天翁包含两个亚种，南方亚种前额、脖颈比北方亚种更白，喙侧黑色区域约占 70%，北方亚种喙侧黑色约占
80%（下喙黄线更窄）。12 月 31 日，"雪龙" 船由新西兰南岛利特尔顿港出发，准备第三次穿越西风带，在南纬 48 度附近记录
到了新西兰信天翁。

※ 新西兰信天翁北方亚种 摄于 2018 年 12 月 31 日 南纬 48 度、东经 172 度附近海域

※ 新西兰信天翁北方亚种（同一只）示意翼下

黑眉信天翁曾被分作两个亚种⑩，现都已独立为种。11 月 21 日这天出现的是北方黑眉信天翁（*Thalassarche impavida*）⑪，因只在坎贝尔岛繁殖，也被称为坎岛信天翁（Campbell Albatross），约有 21 000 繁殖对。该种的活动范围主要为大洋洲海域和西南太平洋，但在繁殖季节（9 月至翌年 5 月）也会南下至遥远的罗斯海。

黑眉信天翁原指名亚种（*T. melanophris melanophris*）沿用了 "Black-browed Albatross" 之名，也被称为 "南方黑眉信天翁"，全球约有 60 万繁殖对[※1]，繁殖地广泛分布于南大洋的 13 座海岛，但超过一半（70%）的种群都在马尔维纳斯群岛。坎贝尔岛上也有黑眉信天翁繁殖（约 20 对），它与坎岛信天翁可以通过虹膜颜色立即区分：前者漆黑的虹膜与瞳孔同色，犹如围棋里的黑子；后者的虹膜则被描述为琥珀、蜂蜜或稻草色。不过两者存在杂交现象，杂交后代眼睛仍为黑色。另一种在海上观

※ 北方黑眉信天翁（坎岛信天翁）摄于 2018 年 12 月 27 日 新西兰南部海域

※ 黑眉信天翁 摄于 2019 年 1 月 26 日 南设得兰群岛

※1 据《南大洋海鸟鉴别》（海洋出版社，2018），南方黑眉信天翁的种群数量超过 250 万只，超过了南大洋其他信天翁种群数量之和。

察时更为实用的分辨方法是看翼下，黑眉信天翁翼下洁白，黑色翼缘较窄，而坎岛信天翁的翼下覆羽"皴"出了更多黑道儿。

实际上，黑眉信天翁登陆坎贝尔岛的时间并不长，最早是在 20 世纪 70 年代才在坎岛建立繁殖点。但黑眉信天翁与坎岛信天翁的分化事件则要久远得多，始于距今 1 万年前末次冰期造成的地理隔离。尤其是，当今四个主要的黑眉信天翁繁殖地在末次冰期时完全被冰雪覆盖，而南乔治亚和智利南部也饱受冰川侵蚀，唯有马尔维纳斯群岛和新西兰亚南极岛屿，以及南乔治亚东部和东南方向的斯科舍岛弧（Scotia Arc）附近由于海平面下降而出露的岛屿（如今已被淹没）未被冰川染指，成为所剩无几的冰期避难所，也促进了亚种间的分化。

同为环南极分布的黑眉信天翁与灰头信天翁在许多岛屿（如南乔治亚岛）上共享繁殖地。坎贝尔岛上的黑眉信天翁除了和灰头信天翁做邻居，也和坎岛信天翁拜街坊；在安蒂波德斯群岛，黑眉信天翁的邻居换成了白顶信天翁。这几种"大海鸟"和平共处，组成混居的巢区。海岛悬崖边的坡地上，一个个夹杂了草茎、鱼骨与鸟粪的土墩儿，就是信天翁的产房。9~10 月，黑眉信天翁、坎岛信天翁亲鸟蹲坐在隆起的泥巢上面，产下一枚乳白色的卵（坎岛信天翁卵的钝端略带红色点状"污渍"），这枚卵随后将由双亲轮流孵化 65~72 天，雏鸟破壳后以父母的反刍物为食。亲鸟觅食旅行采取远近结合的方式，远可至坎贝尔岛以南 1 000~1 500 公里的南极锋（Antarctic Polar Front）区域[1]，近则取食于大陆架 200 米深的浅海。身着灰色绒羽的小家伙坐在巢中等待父母归来时，看起来就如同精心栽培的"盆景"。120~130

※1 "锋"原是气象用语，指冷暖气流的交界地区。海洋锋，即是指特性（冷暖、咸淡、轻重、流速快慢）明显不同的两种或几种水体之间的狭窄过渡带。南极锋是寒冷的南极海与北侧较为温暖的亚南极海水交汇的区域（极锋两侧海水温度可相差 3~4 ℃），也是南极绕极流（南极辐合带）的南部边界。

天之后（4月中旬），雏鸟羽翼丰满即可出飞。

　　黑眉信天翁雏鸟破壳后的 15~34 天，需由父母轮流在巢中守护，时间大约就是在 1 月。直到 1 月 22 日，我才在别林斯高晋海（Bellingshausen Sea）第一次见到黑眉信天翁（此前所见皆为坎岛信天翁）。它们或许是从南乔治亚，又或是自智利南部远道而来[1]，途中穿越了盛产风暴的德雷克海峡，躲过了延绳钓的致命陷阱，为养育后代不惜飞行上千公里。

※ 黑眉信天翁巢区　朱恺杰摄于马尔维纳斯群岛（1月）

━━━━━━━━━━

※1 黑眉信天翁在繁殖期通常不会远离繁殖地，但来自南乔治亚和智利南部的种群会到远洋觅食（Burg et al., 2017）。

❋ 撞冰山后

　　而我们的船在三天前（1月19日）撞上了阿蒙森海的平顶冰山。好在有"雪龙"船的"铁头功"护体，船身并无大碍。船上当即将全体科考队员分成4组，每组十几个人，各组轮流上工两个小时，不分昼夜，配合船员清理从冰山上倒塌下来压覆船艏的积雪。那场面让人终生难忘：在堆积如山的冰障脚下，人们举起十字镐凿冰、抡大锤敲冰、挥铁锹铲冰，乃至徒手清运甲板上的碎冰，把致密而沉重的千年蓝冰搬到半人高的舷墙上，推入

❋ 清理船艏积冰

海中。直到船员挖出积雪下的液压折臂吊，清障的效率才快了起来——队员先用吊缆和绑带系住冰障一角，再启动吊臂拉拽、分离冰块，一点点削平"小山包"。整整两天两夜，船舷积冰初步清理完毕[1]。"雪龙"恢复航行，前往长城站等待进一步评估和检修。真是历尽一番千辛万苦，才有后来与黑眉信天翁的一面之缘。

黑眉信天翁喜欢从船艉慢速跟飞至船艏，接一个直角转弯向远端滑翔，随即脱轨一般落到船身后方，再次鼓翼向前，重复着追船的折返跑。除了延续"大海鸟"标志性的忧郁眼影和黑色眼线，黑眉信天翁果决抛弃了白顶信天翁、灰头信天翁、新西兰信天翁羽色里的过渡灰，身上只剩下明快的黑白二色，并且不再满足于用狭窄的金色勾边装饰喙部，而是改用鲜亮的橘黄渲染全喙，再在喙尖挂上惹眼的"玫红"，成就了极高的颜值。

扫描二维码
查看拓展阅读

※1 正如彻里 - 加勒德所说："在极地，表面上大家都刻苦耐劳，但你不能尽信，人会偷懒……但在冰架上拉雪橇可不行，只需一星期，勤惰立判。"(《世界最险恶之旅》Ⅱ，第 378 页) 其实都用不了一周，只需在甲板上铲上两天雪，你就能发现谁为人实在、肯卖力气，谁却偷懒耍滑，甚至不肯露面。

绿莽世家：南北巨鹱

彻里-加勒德描写巨鹱："它们的羽色成谜，有的几近纯白，有的呈褐色，每一只都不一样，不过一般来说，越往南，白的越多。"他对这种越往南越白的现象感到困惑，怀疑白色羽毛是保护色，但又觉得巨鹱没什么天敌，保护色用处不大，转而猜测是否与身体散热有关①。

前述几种"大海鸟"也存在"越往南越白"的现象。新西兰信天翁南方亚种的前额、脖颈比北方亚种更白，南方黑眉信天翁翼下比北方黑眉信天翁（坎岛信天翁）更白。大信天翁中，北方皇信天翁成鸟的冠羽有时残留黑斑，但南方皇信天翁成鸟随年龄增长，头部羽毛会完全变白。

且不论羽色变白的作用，巨鹱的两个姊妹种中，只有南方巨鹱（*Macronectes giganteus*）② 存在白色型。但是相比于主要在新西兰亚南极海域繁殖的北方巨鹱（*Macronectes halli*）③，南方巨鹱的繁殖地既可以在更靠南的南极大陆沿岸，也可在比北方巨鹱更靠北的岛屿繁殖。两者同为环南极分布，还在 5 个岛屿同域繁殖，包括南乔治亚岛、爱德华王子群岛（Prince Edward Islands）[※1]、克罗泽岛、凯尔盖朗岛和麦夸里岛。

南方巨鹱第一次出现"雪龙"航线上，是在初次穿越西风带的第三天傍晚（11月 21 日）。我从 2 楼甲板远远地拍到这只白色巨灵，它在船艉晃荡了几圈就"雾隐"了。其全身披挂白羽，杂有凌乱的黑斑，如一匹弄脏了的裹尸布，肉眼看去非常像因年老而变白的漂泊信天翁。尼科尔森在《海鸟的哭泣》里引用过梅尔维尔的一段文

※1 爱德华王子群岛位于南印度洋西南部，由两个岛屿(马里恩岛和爱德华王子岛)组成，有 500 多万只海鸟和海豹在此繁殖。

※ 南方巨鹱（白色型）摄于 2018 年 11 月 21 日 迪蒙迪维尔海附近

字④，描述了一只出现在南太平洋深处的洁白无瑕的信天翁，当时身为水手的梅尔维尔看到它"朝主舱口猛冲而来"。尼科尔森断定这是一只"可能已经 70 或 80 岁"的漂泊信天翁。

　　然而根据我有限的观察，追随船只的漂泊信天翁从未做出过如此轻率的举动，它们始终与船舶保持着一段礼貌的距离，通常只跟飞在螺旋桨搅起的尾浪附近。倒是巨鹱个性嚣张，可以面无惧色地低飞掠过甲板上好奇的人群，时常还在驾驶室窗

✵ 南极鹱和南方巨鹱（深色型）摄于 2018 年 11 月 27 日 戴维斯和莫森海附近浮冰区

前表演特技飞行，贴着玻璃做出鹞子翻身式的急转下坠，在人们的视线里留下一团浓郁的阴影。由于南方巨鹱的深色型（90%）比白色型（10%）更为常见，再加上北方巨鹱只有深色型，体羽偏棕褐或近黑，因此队员们常称呼巨鹱为"黑老大"。它们的确也是南极生物圈中的"强盗"，不仅捕食海鸟（信天翁、企鹅、暴风鹱类）的幼雏或体型较小的海鸟，也会品尝海豹和鲸的腐尸。

巨鹱是暴风鹱类中的异类，比起体长不超过半米的银灰暴风鹱、南极鹱、花斑鹱和雪鹱，它们的确算得上"巨大"：体长 0.8~1 米，翼展 1.5~2.1 米，堪比小型信天翁"大海鸟"，但翅长相对身体的比例与信天翁相比要略短一些。在分类上，巨鹱与信天翁虽同为鹱形目，亲缘关系却相隔较远。巨鹱身处鹱科，信天翁在信天翁科，两科最大的不同从管状鼻的位置即可看出：鹱科的管鼻聚合（注意不是愈合）在上喙基部，而信天翁科的管鼻分散在靠近上喙基部的两侧。

等我再次见到白巨灵式的南方巨鹱，已是 1 月 16 日在阿蒙森海（南纬 69 度、西经 97 度附近），最后一次目睹则是 1 月 29 日在长城站海滩边。至于北方巨鹱，我仅在麦夸里岛附近见过几次。南方巨鹱与北方巨鹱外观相似，南方巨鹱深色型成鸟体羽主要为棕褐色，头颈较北方巨鹱更为苍白；北方巨鹱成鸟偏棕褐，脸颊、下颌和脖颈有时沾污白，酷似年幼的面颊浅白的深色型南方巨鹱，而在南大西洋繁殖的北方巨鹱种群也有"浅色型"，头颈的灰白可延展至胸腹。无论羽色如何接近，只要查看独特的族徽——喙尖的颜色，就可分辨南北巨鹱。两者虽然都长有壮硕的金喙，但南方巨鹱喙尖淡绿，像刚蘸过毒苹果汁；北方巨鹱喙尖走暖色调，颜色偏红。因为偏爱南方巨鹱奇异的喙尖颜色，我将这对凶悍的姊妹种归为"绿莽"。

　　自1966年以来，南北巨鹱就被认为是相互独立的物种。但自1974年起，人们在几个不同的岛屿上都观察到了南北巨鹱的杂交现象，只是杂交产下的卵并未成功孵化。南乔治亚岛的鸟岛上，在1978/1979和1980/1981两个繁殖季（9月到翌年4月），首次记录到6只成功孵化的杂交后代。有关巨鹱杂交的研究随后中断。直到

※ 北方巨鹱 摄于 2018 年 12 月 23 日 麦夸里岛海域

❋ 南方巨鹱的白色型体
羽是一种保护色吗？

2002/2003—2011/2012 的繁殖季，南乔治亚岛鸟岛才恢复了对巨鹱繁殖情况的监测。一些无法根据喙尖颜色辨别种类的巨鹱被假定为杂交后代[5]，它们与"血统纯正"的个体也发生过交配。例如一只雄性杂交个体与一只雌性北方巨鹱在 8 个繁殖季中，5 次成功将雏鸟抚养至出飞。南北巨鹱杂交现象实

※ 南方巨鹱 摄于 2018 年 12 月 24 日 麦夸里岛海域

属罕见，其杂交的繁殖成功率（15.6%）远低于同种个体间——北方巨鹱繁殖成功率达 57.3%，南方巨鹱达 44.9%。

　　巨鹱每年都会回到固定的巢址繁殖，每次只产一卵。南方巨鹱和北方巨鹱的全球种群数量据估计分别为 50 170 繁殖对和 11 800 繁殖对。南方巨鹱最靠南的两个繁殖地都在东南极，一个是南纬 66 度附近的弗雷泽群岛（Frazier Islands），另一个是南纬 68 度附近的霍克岛（Hawker Island）。1959—1988 年，两岛共有超过 1 100 只巨鹱被环志。2011 年，澳大利亚科学家在繁殖季短暂登岛拍摄[6]，在所有看得清脚环上数字的照片中（共涉及 6 只巨鹱），可知最老的巨鹱已经 34 岁了。而英国南极调查发现的最年长南方巨鹱是 47 岁。此外，综合全球环志的数据，南极大陆（弗雷泽群岛）上的南方巨鹱平均年龄为 29 岁，低纬度（例如南乔治亚岛）的南方巨鹱平均为 20~26 岁，研究者认为这并无实质差异。

扫描二维码
查看拓展阅读

青烟一缕：灰背信天翁

　　像南北巨鹱一样，灰背信天翁（*Phoebetria palpebrata*）和乌信天翁（*Phoebetria fusca*）是一对姊妹种，并且构成了信天翁中独特的一属。两者在外观上很好区分，正如其中文名所示，灰背信天翁上背呈烟灰色，乌信天翁全身呈深巧克力色①，并且前者具优雅的靛蓝色咬合线，如同嘴边的一缕青烟，后者的咬合线为柔和、明亮的暖金色。只是在"雪龙"船此次的航线上，没有机会区分这对姊妹种，因为乌信天翁一直未能露面[1]。

❋ 灰背信天翁　摄于 2018 年 12 月 27 日 新西兰亚南极海域

---

[1]　乌信天翁的分布局限于南大西洋和南印度洋，全球数量约为 14 000 对。灰背信天翁呈环南极分布，全球数量约为 22 000 对。

※ 平顶岩

    灰背信天翁是唯一一种在"雪龙"船驶出西风带后仍能见到的信天翁，它们在南纬 40 度到南极冰缘之间的水域中觅食。"特拉诺瓦"号驶向澳大利亚墨尔本港的途中，也正是在南纬 40 度附近，彻里 - 加勒德见到了灰背信天翁。那是他们用"延绳钓"的方法捕获的战利品之一，除此之外还包括一只漂泊信天翁和一只黑眉信天翁。加勒德近距离地打量了灰背信天翁：黑头黑身子，眼圈上有白线^②，黑喙上一道华丽的紫线^{※1}，在甲板上昂首踱步时两脚噗噗作响。加勒德和队友们欣赏并惊异于信天翁的美丽——随后怀着敬意将其制成了标本。

    1 月下旬，我在南纬 66 度记录到了一只疑似亚成体的灰背信天翁，当时我们的船正向长城站所在的菲尔德斯半岛（Fildes Peninsula）驶去。在半岛西海岸，面向德雷克海峡，有一块约 140 米高、名为平顶岩（Flat Top）的孤立岩石，四面都是陡直的悬崖峭壁。自 20 世纪 80 年代以来，就有人观测到灰背信天翁在那里出没，因而

※1　原文如此，"gorgeous violet line"，不过我想这与上文中的"靛蓝"并不冲突。

怀疑崖上有巢。但有资料记载的灰背信天翁巢址，仅坐落在南纬46~53度、靠近南极辐合带（Antarctic Convergence）[※1]的9个亚南极岛群中，其中距离长城站最近的是南乔治亚岛，也还远在1500多公里外。

　　直到2008年12月25日，科学家终于拍摄到了灰背信天翁在平顶岩上繁殖的铁证——一只成鸟坐在巢中守护着一枚卵。该巢址位于距海面15~20米高的狭窄平台上，周围还有至少200个花斑鹱的巢（与灰背信天翁巢的最近距离约为30米）。因为无法登临，研究人员只能从远处观察，此后每隔5天就会来检查一次，最终确认了5个在使用的灰背信天翁巢址。2009年2月28日，包括先前发现的那处巢址在内，共有两个灰背信天翁巢中有成鸟在看护雏鸟。雏鸟的日龄据推测已有20天了，算上之前长达70天的孵卵期，反推得到的产卵日大致是在2008年11月中旬，略晚于在低纬度岛屿繁殖的同类（从10月底到11月初产卵）。

　　来自平顶岩的发现意味着，灰背信天翁创下了信天翁类群的最南纬度（南纬62度）繁殖纪录。但在接下来的两个南极之春，菲尔德斯半岛上没再观察到确切的繁殖行为。2011/2012年度，才再次有目击记录证实，一对灰背信天翁夫妇回到了平顶岩的悬崖。

　　隶属于爱德华王子群岛、曾在1974年见证过南北巨鹱杂交的马里恩岛（Marion Island），也是众多信天翁的家园。2015—2018年的三个繁殖季，科研人员为岛上的45只漂泊信天翁、26只灰头信天翁、23只乌信天翁和22只灰背信天翁戴上了GPS跟踪器。116条觅食轨迹在岛屿与大洋之间如烟花绽开，密集交缠的线团将能解释它们何以成为各不相同的物种。

<hr>

※1 南极辐合带是划分南极海区和亚南极海区的分界线，与南极绕极流范围重叠，处在南纬50~60度之间，跨度100公里左右。

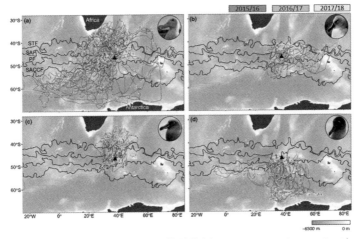

※ 马里恩岛（黑色三角示意）4 种信天翁繁殖期觅食轨迹（Carpenter-Kling et al., 2020 cc-by 4.0）
STF 为亚热带锋，SAF 为亚南极锋，PF 为南极锋，SACCF 为南极绕极锋。a 为漂泊信天翁，b 为
灰头信天翁，c 为乌信天翁，d 为灰背信天翁

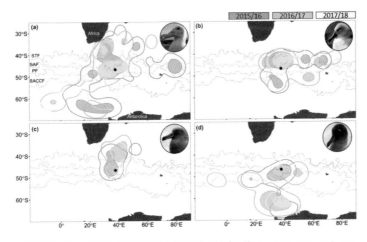

※ 马里恩岛 4 种信天翁觅食范围（线圈内）与核心觅食区（深色区域）Carpenter-Kling et al., 2020
cc-by 4.0

　　马里恩岛的位置恰好处在南非到南极大陆的中间点上。如果把该岛比作足球场
的中圈，那么漂泊信天翁就相当于一位全攻全守型的中场队员——它不惜体力地跑

遍了全场每一个角落，但绝非漫无目的地奔跑。球员在场上追逐着足球，而信天翁追逐大洋里的美味：乌贼、鱼和磷虾。于是它们最常光顾的地点，一定是渔获最为丰盛的海域。就像足球在不停滚动，渔场的位置也在不停变动，并且受到多重因素的牵引。牵引之力来自风、海水温度、盐度、海流乃至海底地形，像有一些看不见的巨手在摆弄餐桌上海鲜的位置。人们将最显著的两个推手命名为"涡"和"锋"。

"涡"并非肉眼可见的水面上的漩涡，而是直径约 100 公里、可存在数月之久的中尺度涡旋。"锋"的尺度更大，直径约 1 000 公里，且持续存在。锋面所在纬度可随时间发生变化，例如在该研究中，南极锋的相对位置就从南纬 49.8 度（2015 年 10 月）北移到南纬 48.3 度（2018 年 1 月）。

从跟踪的轨迹倒推，信天翁显然能够"理解"海洋如何运转。在马里恩岛的北侧，即亚热带辐合区（Subtropical Convergence Zone）内，有厄加勒斯涡流（Agulhas Return Current）、亚热带锋（Subtropical Front）和亚南极锋（Sub-Antarctic Front）复杂的相互作用；岛屿南侧则有快速流动的南极锋与独特的海底地形（洋脊和断裂带）相遇，形成了营养丰富的上升流和冷涡。这些主要的锋面区和涡流富含浮游动物、鱼和乌贼，而漂泊信天翁在所有的锋面区都有停留觅食的迹象。将漂泊信天翁三年的轨迹叠加到一张图上，就织成了一张硕大无比的"蛛网"，覆盖了从南非海岸到南极大陆边缘、从西经 19.5 度到东经 53.45 度那无比广袤的海区。

灰头信天翁没有漂泊信天翁那翼展 3 米、可以驾驭气旋的翅膀[③]，因此它的活动范围基本收敛在岛的北侧，集中于亚热带辐合区。但它会适时地前往岛的南侧，到一处名为安德鲁·贝恩断裂带（Andrew Bain Fracture Zone）的海域觅食。虽然离繁殖地较近，不过那里的冷涡并不稳定，当涡旋动能（eddy kinetic energy）较弱时，灰头信天翁就没有出现，仿佛是收到了"超市临时关闭"的通知。研究者指出，如果南极锋的位置向北或向南移动 1 度，其与安德鲁·贝恩断裂带相互作用产生的涡流将会减弱，有可能导致马里恩岛灰头信天翁失去一个重要的育雏觅食地。

乌信天翁的觅食区主要在岛的北侧，也曾扩展到亚南极锋与南极锋之间，即岛屿南侧的极锋区（Polar Frontal Zone）。但与灰头信天翁不同的是，乌信天翁的核心觅食区在三个繁殖季中的重叠度很低，也就是说它们每年都在探索不同的区域，如同赶赴海面上一场流动的盛宴。

乌信天翁与漂泊信天翁、灰头信天翁共同表现出对亚热带辐合区的偏爱，而唯独对这一高涡旋能海区"不感冒"的就是灰背信天翁。这份"特立独行"似乎带有一丝悲剧色彩，因为灰背信天翁是马里恩岛上近年来唯一数量在下降的信天翁。轨迹显示，灰背信天翁尤其钟情于南极绕极锋（Southern Antarctic Circumpolar Front）以南、靠近南极大陆的海域，只在南极锋比往常更靠北时（2017/2018 年度）才会造访极锋区。针对马里恩岛灰背信天翁繁殖期食物组成的调查发现，其捕获的头足类（乌贼）中，来自南极和亚南极的种类比例相当。

对南极的"情有独钟"，让灰背信天翁成为船舷边最忠实的模特。即使在船舶穿越西风带后，当其他信天翁都已随风而去，冰海上依然有灰背信天翁的陪伴。尼科尔森在《海鸟的哭泣》里举出柯勒律治写作《古舟子咏》所依赖的故事原型，说明"被射杀的并非巨大的白色信天翁"，而是一只孤独的黑色信天翁[④]。那很可能就是独自在海上觅食、不畏严寒的灰背信天翁。

扫描二维码
查看拓展阅读

蓝色浪花：锯鹱家族

　　西风带飘雪那天，我注意到船边有一些异样的浪花。细看之下，蓝色的"浪花"并没有被浪头抖落，而是一个翻身越过浪墙。这是我第一次看到鸽锯鹱（*Pachyptila desolata*）[①]。这些体长 25~27 厘米、不及雪鹱大的小海鸟集成小群，总在距船舷不远不近的地方往复冲刺，以折线式的突进切入风的轨道，侧身追踪看不见的气味。

率 鸽锯鹱群 摄于 2018 年 12 月 27 日 新西兰亚南极海域

鸽锯鹱这个名字让我联想起细距堇菜。但细距堇菜并不懂得"戏剧"，鸽锯鹱也欣赏不来"歌剧"。不过它每一次迅猛的转身又何尝不是海上歌剧里最华丽的唱段。一旦从海浪中认出这袖珍的捕手，就足够你目不转睛地盯上一整天，跟住那些惊心动魄的飞行轨迹，仿佛眼睛也得到了最好的锻炼。

　　鸽锯鹱译自 Dove Prion（另一英文名为 Antarctic Prion），明确道出了它的体貌

❋ 鸽锯鹱 摄于 2018 年 11 月 24 日 迪蒙迪维尔海附近

特征，虽然与大海的体量相比，鸽锯鹱给人的观感更接近蛾子（更恰当的称呼应该是"迷你信天翁"）。prion 源自古希腊语 *priōn*，意为"锯"，指其锯齿状的喙。但其实那并非锯齿，而是上喙边缘如同鲸须一样的栉板 [※1]。我想这才是锯鹱类被称为"鲸鸟"的真正原因——不是因为它们追寻鲸出没的海域，而是因其像须鲸那样在海水中滤食浮游生物。

<hr />

乍看上去，锯鹱类在外观上如出一辙，上体灰蓝、下体洁白、尾羽涂抹一道黑带，横跨两翼的"M"形褐色花纹是其最著名的"商标"。玄机集中在它们或宽或窄（长度也不尽相同）的喙上，甚至直接影响了命名方式。例如鸽锯鹱所在的锯鹱属中包括了阔嘴锯鹱（喙宽 1.95~2.43 厘米）、厚嘴锯鹱（喙宽 1.22~1.36 厘米）和细嘴锯鹱（喙宽 0.93~1.25 厘米）[②]。而和鸽锯鹱长相相似到在海上不可能凭肉眼分辨的小锯鹱（*Pachyptila salvini*），只有将两者拿在手上比较时，才可看出喙的差别：鸽锯鹱的喙较窄（1.10~1.55 厘米），小锯鹱的喙较宽（1.35~1.75 厘米）。别看只有几毫米的差别，却决定了它们成为独立的种。这让人联想到加拉帕戈斯群岛上达尔文雀族的演化，在极端而脆弱的岛屿环境中，喙的任何轻微变异，映照出的是种内或种间残酷的生存竞赛。

锯鹱类中唯一与众不同的是蓝鹱（*Halobaena caerulea*）[③]。它自成一属，英文名也不再是 prion，而是 petrel（Blue Petrel），体型为锯鹱类中最大的（26~32 厘米），且羽色偏离了浅蓝系，从头顶延伸至脖颈的"盔帽"变得乌黑一团，脸部缺少白眉纹，喙色近乎全黑，尾羽末端被涂得雪白。最重要的是，蓝鹱的喙型（窄尖）和翅型（狭长）都更接近圆尾鹱（*Pterodroma* spp.），预示其从食性上也不再与锯鹱属为伍。

有研究比较了同在南乔治亚岛上繁殖的蓝鹱与鸽锯鹱，发现两者在觅食区域、猎食技术、猎物大小与组成等诸多方面判然有别。加之蓝鹱的育雏期（雏鸟破壳后）为 12 月至翌年 1 月，鸽锯鹱育雏则为 2 月到 3 月，虽是同域繁殖，但在生育时间上并不冲突，不需要争夺食源，是一对和睦的邻居。

因使用的"餐具"不同，两者在用餐习惯上发生了分化。蓝鹱更擅长远距离飞行，在食物密度较低的开阔海域寻寻觅觅，取食方式接近于啄食，或者说使用叉子当餐具。它甚至掌握了扎猛子捕食的技术，能在水下停留 6 秒，也能比鸽锯鹱吞下更大的南极大磷虾[※1]。而且，鱼在蓝鹱的饮食中占有了更重要的地位，出现在 83% 的反刍样本中（有两条完整的鱼骨长度分别为 5.1 厘米和 8.2 厘米）。研究人员推测蓝鹱育雏食谱中鱼与磷虾的比重各占一半，而鸽锯鹱食用鱼的比例不足 3%。

鸽锯鹱扁而宽的喙与其说是勺子，莫如说是筛子，将栉板的作用发挥到了极致。研究人员在一个 16 克的反刍样本里，竟然检出了 41 118 个尖角似哲水蚤（这个极端案例最后没有被列入食物比重统计）。尖角似哲水蚤（*Calanoides acutus*）是体长 5

※ 蓝鹱 摄于 2018 年 11 月 23 日迪蒙迪维尔海附近

※1 蓝鹱吞下的南极大磷虾平均为 0.61 克，鸽锯鹱吞下的南极大磷虾平均为 0.25 克。另外值得一提的是，蓝鹱食谱中长臂樱磷虾（*Thysanoessa macrura*）的数量占比（29%）比南极大磷虾（24%）高，但仅占食物总重的 4%，而南极大磷虾占食物总重的 82%。

※尖角似哲水蚤 王俊健 摄

毫米左右的南极表层桡足类，鸽锯鹱显然无法一只一只地进食。它像所有滤食性的猎手那样，大口吞进海水，让海水经篦子一样的栉板流出，剩下的全是干货——主食为甲壳动物（占食物总重的97%），包括桡足类、磷虾和少量的端足类、糠虾类（Mysidacea）。与过滤海水的行为相匹配，鸽锯鹱在捕食时采用凌波（hydroplaning）或浮潜（surface filtering）的架势[1]，把喙伸到海面以下灌"汤"，然后控水沥干。

锯鹱类挖掘土洞作巢，斜坡上密集的巢洞如同廉价公寓。它们趁着夜色静悄悄地返巢，避开那些月光皎洁的夜晚，以便逃过贼鸥的盯梢。既然贼鸥是凭借视觉和听觉信息捕食的，锯鹱索性将这两种感官关闭，也就是说，它们放弃了视觉参照和鸣声联络，转而听从气味的指引——像在海上搜寻猎物那样，向着风中嗅闻，在一片漆黑中准确无误地找到位于地下的家。

※1 凌波即用脚蹼踩水，翅膀向上方伸展而不触及水面，头部探入水中捞取猎物或滤食。浮潜主要为静态漂浮或在水面游动捕食。

面对引发密集恐惧症的巢洞公寓，如何才能不错入家门？研究人员设计了一个迷宫实验，将鸽锯鹱放入一个长方盒子，盒子两侧各伸出一条管道（长度为80~200厘米），通向被试鸟的巢和其他鸽锯鹱的巢。那些嗅觉完好的鸽锯鹱从未走错家门，而被化学药水洗过鼻孔、造成嗅觉短暂丧失的鸟则显得犹豫不决。

　　如同家门钥匙一样的气味被确认来自洞穴中散落的成鸟羽毛，其终极来源是尾脂腺（uropygial gland）。对鹱鸟来说，保养羽毛的秘诀就是涂抹尾脂腺分泌的蜡和油脂，其中含有多种具挥发性味道的脂类化合物。即便对人类而言，存放多年的鹱羽仍然具有可辨的气味。锯鹱类恪守一夫一妻制，在繁殖期只产一卵，夫妇轮流孵卵、暖雏，交替出海觅食。当夫妻一方归巢时，另一半就坐在家中，体羽散发出的气味充满了整个巢穴。因此完全可以说，伴侣的味道，就是家的味道。

　　我们也能闻出家的味道，虽然很难"复述"这种味道。或者不如说，我们更容易闻出别人家的味道。每当走进邻居或亲戚家的客厅，一股从未被记忆的气味开始刺激你的大脑，提醒你这是在一个陌生的场所。相反当我们身处自家客厅，往往察觉不到家里的味道。办公室有办公室的味道，学校有学校的味道，而医院被消毒水的气味遮盖。在用气味识别此处与彼处这一点上，我们有幸与9 500万只锯鹱感同身受④。

扫描二维码
查看拓展阅读

神秘的雾虹：圆尾鹱

穿越西风带和避风麦夸里岛期间，有一道微弱的"雾虹"游离在海鸟彩虹之外。这是两种可在南极海域出没的圆尾鹱（Gadfly Petrel）[1]：鳞斑圆尾鹱（*Pterodroma inexpectata*）和白头圆尾鹱（*Pterodroma lessonii*）[①]。它们行迹不定，犹如来去无踪的迷雾。

圆尾鹱像锯鹱一样，从翼上到后背贯穿一道标志性的暗褐色"M"带。其习性也和锯鹱有些相似：营洞巢，为躲避诸如亚南极贼鸥一类的捕食者，总是在黄昏（日落 50 分钟后）抵达繁殖地，黎明之前返回海上觅食。由于圆尾鹱的繁殖地大多在偏远的海岛，它们成为了被研究最少的管鼻鸟（tubenose）[2]。

早期调查鳞斑圆尾鹱繁殖情况的是一位被誉为"海鸟天才"（seabird genius）的新西兰人，名叫兰斯·里奇代尔（Lance Richdale）。里奇代尔本是一位全职教师，他利用业余时间跑到新西兰偏远的海岛上作鸟类调查，由于研究成果十分出色，曾获基金会赞助前往美国、英国与著名鸟类学家玛格丽特·奈斯（Margaret Nice）、戴维·拉克（David Lack）等人切磋，后来还被聘为奥塔哥大学的荣誉讲师。他有关黄眼企鹅（*Megadyptes antipodes*）的研究尤其为人称道，被视作留给奥塔哥大学动物学系的"遗产"。

可能是第二次世界大战爆发的缘故，里奇代尔的业余时间似乎相当充裕，他的妻子则"兼职"野外助理、编辑和打字员。1936/1937—1953/1954 年度，里奇代尔连

※1 Gadfly Petrel 的字面意思是"牛虻海燕"，源于它们在海上高高翱翔的飞行特点。中文虽然译为"圆尾鹱"，但这类鹱的普遍特征之一是楔形的尾羽。
※2 全球现存 34 种圆尾鹱，超过 3/4 的种类都被列为受威胁物种。

续 18 个繁殖季在奥塔哥半岛观察南方皇信天翁；1948 年 1 月 9 日至 2 月 26 日，他在斯奈尔斯群岛（Snares Islands）观察新西兰信天翁产卵；此外，从 1938 年 12 月的最后一周到 1957 年 2 月中旬，将近有 95 个星期，里奇代尔都会前往新西兰南岛以南 32 公里处的斯图尔特岛（Stewart Island）。该岛东北角有一个半英亩（约 2 023 平方米）大小、名为维罗（Whero，在毛利语中的意思是"红色"）的小岛，他在岛上观测的物种包括灰鹱、鹱燕、白脸海燕（*Pelagodroma marina*）、仙锯鹱和阔嘴锯鹱。

就在上述调查期间，里奇代尔当然也注意到了在斯奈尔斯群岛和维罗岛上繁殖的鳞斑圆尾鹱。1945 年 1 月 3 日至 16 日，他还登上了距斯图尔特岛西南端约 1.5 公里的大南角岛（Big South Cape Island），那里同样有鳞斑圆尾鹱在繁殖。不过在里奇代尔开展研究之前，鸟类学家对圆尾鹱的繁殖习性几乎一无所知。

里奇代尔发表于 1964 年的论文提到，鳞斑圆尾鹱曾经数量众多，广泛分布在新西兰南岛和北岛的丘陵地带，但受人类活动影响，已经绝迹很久了。即使在斯图尔特岛，它也远没有以前常见。而大南角岛似乎是鳞斑圆尾鹱集群繁殖的中心，不过岛上仍有捕鸟人（mutton birder）出没，在捕捉灰鹱及其幼鸟的同时，也顺带捎上几只鳞斑圆尾鹱即将出飞的雏鸟，这说明两种鹱的繁殖时间十分接近[※1]。里奇代尔列举了文献记载的其他有过鳞斑圆尾鹱繁殖的新西兰岛屿，包括位于科罗曼德尔半岛（Coromandel Peninsula）的居维叶岛（Cuvier Island），以及查塔姆、奥克兰、安蒂波德斯和邦提群岛（Bounty Islands）。

如今，鳞斑圆尾鹱仅在新西兰南部有限的几个岛屿繁殖（换句话说是新西兰特有种），主要分布在斯奈尔斯、鳕岛（Codfish Island）和大南角岛，那是一些没有

※1 鳞斑圆尾鹱和灰鹱都做跨越赤道的迁徙，里奇代尔认为迁徙时长限制了这两种鹱的产卵时间，故而繁殖节律比较接近。

人为引入过哺乳动物（特别是野猫、老鼠、野马、野猪和狗）的岛屿保护区。为了保存或壮大现有种群，新西兰的科研人员已经在考虑将少量鳞斑圆尾鹱雏鸟"迁地保护"，即从遥远的离岸岛屿转移回新西兰南岛和北岛。

每年10月至翌年5月是鳞斑圆尾鹱的繁殖季节，"迁地"试验开始于育雏后期（2012年4月18日至5月14日）。科研人员挑选临近出飞的雏鸟，通过一系列体征测量，测算出搬家的最佳时机，以及搬家后人工饲喂的可行性。试验地点定在斯图尔特岛以西3公里处的鳕岛，那里有16万鳞斑圆尾鹱繁殖对。在阔叶林下的泥炭土壤（peat soil）中，有如地道的洞巢被多年重复使用，巢洞沿岛屿西部和南部海岸密集分布，一直到249米高的岛顶坡地。需要提及的是，岛上还分布有一种极危物种——鸮鹦鹉（Strigops habroptilus），因此所有针对鳞斑圆尾鹱的调查都只在白天进行，以免干扰鸮鹦鹉的夜间活动。

为量化自然状态下成鸟的饲喂频率和雏鸟食量，研究人员设置了一组对照实验。他们首先在岛顶繁殖地找到了52处有雏鸟的巢洞，并在巢室上方安装了木制盖板以便观察。然后从中选出10只发育较慢的雏鸟，用塑料箱转移至坡度与出生地相似的人工巢洞（箱）中，它们在转移前就被初次人工饲喂，以确认是否会接受人为调配的饮食。这些食物是一份混合营养餐，包含了沙丁鱼（浸泡在豆油里）、维生素片、无菌水和鱼肝油。另外42只雏鸟又被分为两组，其中20只每天被称重、测量翼长、观察出飞前的行为，剩下22只仅在已然要出飞的那一刻才被检查，以此对比受到人为干扰和未受干扰情况下的成长差异。所有雏鸟在开始实验前的体重都已超过325克（成鸟平均体重）。

结果这三组雏鸟各有一只在研究结束时尚未出飞，但所有个体的生长速度、平均翼长以及出飞前的减重速率没有显著差异，只不过人工饲喂组的幼雏出飞时的体重与其他两组相比偏轻，推测可能是人工食谱中含水量较高而缺乏足够的热量或营养成分。最后，研究人员确定的鳞斑圆尾鹱雏鸟最适合被迁地的时机是出飞前 15~20 天，此时雏鸟的翼长为 23.4~24.4 厘米[1]，体重达 460~520 克，较有把握承受住"换房"的干扰，保证出飞成功率。

　　自然状态下，鳞斑圆尾鹱亲鸟会飞到罗斯海浮冰区寻找育雏食物（灯笼鱼、乌贼和磷虾），往返距离超过 2 000 公里，属于圆尾鹱中的少数派。这也使得雏鸟在育雏后期大约每隔 10 夜才被饲喂一次，每餐的食量约为 47 克（占成鸟体重的 14%），而人工饲喂的雏鸟每三天接收的食量最终被定为 35 克。出飞前 15 天，雏鸟即已处于每天减重的状态；出飞前 7 天，鳞斑圆尾鹱父母停止喂食；出飞当天，没有亲鸟的陪伴，幼鸟独自飞离居住了 3 个来月的洞穴。如果迁地保护一切顺利，长大后的它们会重返新家。

　　里奇代尔也观察过鳞斑圆尾鹱饲喂雏鸟。他注意到一旦雏鸟破壳，亲鸟白天就不再露面了，除孵化后第 3 天外，雏鸟每天晚上都会被亲鸟喂食，体重由第 2 天的 50 克增加到第 6 天的 116 克。他在夜间查看巢洞时，还看到未参与繁殖的鳞斑圆尾鹱聚集在一起，并且推测这一现象与灰鹱的情况类似，即未繁殖鸟的数量可能占到了 2/3。

　　每年 12 月初到翌年 1 月初，鳞斑圆尾鹱会诞下一枚接近 1/6 自身体重的卵，随后轮流孵化 48~53 天。2018 年 12 月 18 日，戴维斯和莫森海（Davis & Mawson Sea）附近（南纬 63 度），我遇到了此程第一只鳞斑圆尾鹱。像文献中说的那样，它总是形单影只地往来于海上，翼下的黑斜杠和污灰色的"肚兜"让其不会被误认。虽然

[1] 鳞斑圆尾鹱成鸟翼长 24~27 厘米，体长 34~35 厘米。

※ 鳞斑圆尾鹱 摄于 2019 年 1 月 2 日 南纬 58 度、东经 175 度

无法确定这一只是否参与了本季繁殖，但不妨猜测它有一个"近在眼前"的目的地，就在我们的航线以南：南纬 65 度的极锋海区。两天后，为了躲避紧随而来的绕极气旋，"雪龙"调整航向，跨过极锋，向南钻入厚厚的冰毯[※1]。覆盖海面的浮冰绵延成"白色巨掌"，压制住气旋掀起的涌浪，但那里不再有圆尾鹱的身影。

※1 彻里 - 加勒德也描述过浮冰的庇护作用。他们在穿行浮冰带时遭遇了多变的天气，一会儿刮风，一会儿降雨，还下过暴雪，但"不管是以上哪种天气，我们在浮冰带中都比在大洋中要好。在浮冰中，再坏的天气也伤不了我们"。见《世界最险恶之旅Ⅰ》，第 127 页。

在浮冰边缘停歇一天后，"雪龙"再次尝试北上，结果又一次没能跑过气旋，船上紧急联系了麦夸里岛有关方面，请求在岛屿东侧海域避风。12 月 27 日，结束在麦夸里岛的避风，"雪龙"航向新西兰海域，航线从奥克兰群岛与坎贝尔岛之间穿过。南纬 52 度附近，有着"熊猫眼"的白头圆尾鹱出现了，它在照片里的个头看起来接近鳞斑圆尾鹱，但实为 4 种体型较大的圆尾鹱之一[1]。

奥克兰群岛南端有一座亚当斯岛（Adams Island），岛上仍然保持着原始风貌，例如卡拉塔树（*Metrosideros umbellata*）森林，林下的泥炭土壤中藏有白头圆尾鹱的洞巢。2011 年 1 月—2014 年 1 月，先后有 18 只白头圆尾鹱在孵卵时被戴上了跟踪定位装置。研究人员最终回收到 10 只个体的运动轨迹，包括 6 只雌性和 4 只雄性，其中 3 只被持续追踪了一年，5 只被连续追踪了两年，还有 2 只被连续追踪了三年。这些轨迹首次向世人展示了白头圆尾鹱的全年活动范围和关键觅食区域。

每年 8 月左右，白头圆尾鹱雌雄双方相继返归繁殖地，能够准确无误地回到使用多年的同一个巢洞。出于抢占或维护巢址的目的，雄性会花更长时间，多次造访洞穴，而雌性通常只上岸两三次。白头圆尾鹱一旦完成求偶交配，马上表现出远洋习性，开启"产卵前出走"（pre-laying exodus），即出海觅食旅行。亚当斯岛的大多数个体都向西飞往南印度洋，这一过程可持续 40~77 天，是鹱形目现有"产卵前出走"记录中天数最长的，其漫游距离在 2 500~7 550 公里不等。雌鸟（51~77 天）通常比雄鸟（40~68 天）出走得更久，或者说，为生成卵黄到海上补充更多营养。而雌性在交配后如何将雄性的精子储存超过两个月之久，则还是未解之谜。

---

[1] 白头圆尾鹱体长 40~46 厘米。另外三种分别为：巨翅圆尾鹱，体长 38~40 厘米；灰脸圆尾鹱，体长 40~43 厘米；大西洋圆尾鹱（*Pterodroma incerta*），体长 43 厘米。

11 月下旬，云游归来的雌鸟进入产卵期。有些雌鸟在产完卵的当晚即离岛返回海上[※1]，且这一走就是半个多月（15~22 天）。有一只雌鸟最远飞到了距繁殖地 5 230 公里的地方（印度洋），留下雄鸟在洞中先行挨饿（孵卵）。12 月中旬或者跨年后的 1 月初，雌雄将完成第一次交接班。

经过约两个月孵化，雏鸟大多在 1 月最后一周破壳。夏末至初秋（1 至 3 月），肩负育雏任务的白头圆尾鹱选择南下，被跟踪的个体中有 9 只都到访过浮冰区，在南极大陆以北 200~250 公里、海面温度降至 -1℃的冰海中觅食。5 月中旬，雏鸟羽翼丰满。繁殖期过后，白头圆尾鹱会迅速飞离亚当斯岛，有些就近去了塔斯曼海南部，有些西行至凯尔盖朗岛的东部，有一只雄鸟向东迁往了南太平洋中部，还有一只雄鸟飞到距繁殖地 9 500 公里之遥的南非东南部海域。所有被追踪个体的越冬落脚点距亚当斯岛都在 5 000 公里以外。在接下来的间隔年[※2]，直到下一次繁殖之前，它们从未回到距繁殖地 500 公里以内的区域。

虽然白头圆尾鹱不像鳞斑圆尾鹱那样在南北极之间往返迁徙②，但亚当斯岛这 10 只个体每年最少也要飞行 11.52 万公里，相当于快要绕着赤道飞上 3 圈了。有一只个体在一年内飞了 16.94 万公里，完全可以媲美大信天翁环绕大洋的壮举。而在驾驭西风方面，白头圆尾鹱也丝毫不逊色于信天翁。它们通常先向西或西北方向移动，到达澳大利亚南部和西南海域后，顺风返回奥克兰群岛，一天之内就可跨越 1 500 公里，还不妨碍中途停落到海面上觅食。

亚当斯岛的白头圆尾鹱主要在奥克兰群岛西侧觅食，对于曾经探索过的觅食海

※1 在凯尔盖朗繁殖的雌性白头圆尾鹱不会这么马不停蹄，产卵后通常会在岸上停歇一周。白头圆尾鹱在夜间上岸时显得极其谨慎，甚至专门挑选暴风雨或大雾的天气登陆，从不像其他圆尾鹱那样在陆地上鸣叫。
※2 白头圆尾鹱每两年繁殖一次，这在鹱科中是绝无仅有的。

※ 白头圆尾鹱 摄于 2018 年 12 月 27 日 南纬 52 度、东经 166 度

域，无论有多遥远，白头圆尾鹱都保有深刻"记忆"，会连续几年折返。值得注意的是，白头圆尾鹱之所以远渡重洋，很可能是"无奈之举"。繁殖于奥克兰群岛和安蒂波德斯群岛的白头圆尾鹱约有 10 万对 [3]，但在新西兰亚南极岛屿繁殖的其他鹱形目却"不计其数"且"虎视眈眈"。数以百万对的灰鹱（斯奈尔斯群岛和斯图尔特岛）、18.4 万对白颏风鹱（奥克兰群岛）和 10 万对以上的大信天翁（奥克兰群岛）都是富于攻击性的选手，并争夺着相似的食源（乌贼、鱼和磷虾）。白头圆尾鹱只好退而求其次，去往不那么富饶的深海海盆区打食。好在南极海冰融化时还有一场不可错过的磷虾盛宴，虽然这项盛事也吸引了灰鹱和短尾鹱，但磷虾的份额足够白头圆尾

鹱父母"打包"带回千里之外的小岛，去填饱雏鸟们的胃口了。

令研究者感到意外的是，即便亚当斯岛上没有人为引入的捕食者，白头圆尾鹱的繁殖成功率仍然很低，每个繁殖季仅有 40% 的家庭能成功养活一只后代。另外就算当年不会繁殖，白头圆尾鹱雌鸟也会回到繁殖地，与配偶见上一面，似乎是在重返远洋之前巩固一下夫妻关系。间隔年的形成，推测是因为长达 10 个月的繁殖周期和其后并不轻松的换羽期。白头圆尾鹱越冬时仍然偏爱较冷的水域，在冬季贫瘠的亚南极海域中耗费数月才能完成换羽，很少在 15 ℃ 以上的海水中逗留。而同在亚当斯岛上繁殖的灰鹱选择了另一种换羽策略，它们会飞向北半球的夏天，在北太平洋富有营养的上升流区域"惬意"地度过换羽期，这似乎也保证了其一年一度的繁殖频率。

2019 年 1 月 2 日，"雪龙"船第三次穿越西风带，航线前方是著名的罗斯海。在南纬 58 度、东经 175 度海域，白头圆尾鹱和鳞斑圆尾鹱忽然现身，或许它们都已产有一卵，正奔向浮冰消散的磷虾产区。但就像科塔萨尔在他那本极为写实的游轮小说《中奖彩票》中所说的那样："这种运气是短暂的，瞬息即逝的，正如你将会发现的陪伴这艘船的鸟，它们只跟随一会儿，有时候一天，但最终总是飞得无影无踪。"④

此后的航程里，我再没见到过这两种神奇的圆尾鹱。

扫描二维码
查看拓展阅读

船艏桅杆下的女孩
在学狗叫

✳ 浮冰区

　　船行纬度越高，我们离通信卫星覆盖的范围就越远，手机上不再有短信，船载网络也开始变得不稳定。远航的色彩本应是单调孤寂的，那些穿越了大半个地球追随而来的讯息，至此寿终正寝。

一个清晨，船艉传来巨响，"咣、咣"，船身也跟着颤了几下。这突如其来的震动从船底向上攀爬，盘踞在每一间住舱，引发的震级却始终是可控的、安全的，就像科技馆里的地震屋。室友尚在梦中。气象预报说航线西北侧有一个气旋靠近，将产生 4 米高的巨浪。我想起船长在 3 楼甲板活动区说过的话："那不就是水吗？可它变成浪打在钢板上，竟有那么大的力量，像打雷一样。"浪大的时候，房间靠近水面的乘客，开始失眠。

我从上铺侧着身子，掀开窗帘朝外一看：白色浮冰已经铺满了海面，视野里充斥着异乎寻常的宁静。船好像失去了动力，在冰海中任意漂浮。我跑到驾驶台翻看了航行日志，发现船于昨夜（11 月 24 日）23 点 40 分进入南纬 62 度浮冰区。此刻，面积广大的留白照亮了驾驶室的 22 扇窗。

彻里 - 加勒德留意过浮冰的反光，他们在航行时甚至根据浮冰反射的天光来判断海面是否冻结，"一般说来，黑沉的天空表示水面未冻，我们称之为未冻的天空（open-water sky）；明亮的天色表示海面皆冰，我们称之为冰的闪光（ice-blink）"①。

海冰像一道难以愈合的伤口，在海水的表面反复结痂。这层白痂生长初期拥有名为"尼罗冰"的弹性冰壳，随后出落成秀气的圆饼，边缘因相互挤撞而翻卷，被称为荷叶冰。此后，"荷叶"连缀成"荷田"，积雪也愈加厚实，为浮冰群铺上了"白棉被"。这些冰块如果能顺利度过南极的夏天而不融化，便可以在极夜中继续生长，"白棉被"也会变得致密、坚硬，并被新的冰壳覆盖，形成厚度 1 米左右的蓝白色"浮冰汉堡"。

除尼罗冰外，海冰还存在一个被称为脂状冰（初生冰）的时期。在普里兹湾，我们遇到了这层婴儿期的新冰。临近傍晚，它们幼嫩的"皮肤"跳动着粉色的霞彩，船漾开的波浪钻入脂状冰下方，拱起一道又一道褶皱。皱纹向远端传递，镜子一样

❄ 荷叶冰上的 帝企鹅

❄ 普里兹湾的初生冰

的冰面波动着却没有破碎。

浮冰的板块因船碾过而裂解、旋转、碰撞，仿佛远古大陆漂移的一次小小重演。每当一块冰沉没于船艉下方，用不了几秒，震动就会如约而至，就像我们先看见闪电，后听到雷鸣。在看不见的水下，船艉龙骨如一把钝刀破开冰层，碾碎了的冰块被推挤到船侧，展现出沉积岩一般的条状纹理，那是一层压紧一层的冰与雪。浮冰底部长有黄褐色的冰藻（主要为硅藻），现在它们如同死鱼的肚皮，翻涌到水面。偶尔也有灰黑色的残冰，可能是冰山在被冰川搬运到海边之前就已掺

※ 浮冰

※ 前景翻倒的浮冰底部可见黄褐色的冰藻

入了泥土杂质。冰面融池[※1]和浮冰的底盘看起来都是翡翠流光，我们用眼睛"喝"这冷艳的"冰饮"——有人察觉其中有黑色的小身体，用相机快门捕捉后，在液晶屏上放到最大，才看出那是大名鼎鼎的南极磷虾。

每一块浮冰都是一张便笺，食客们常会留言说上顿吃了什么，内容大多言简意赅，例如印在雪中的几朵鲜血"梅花"，或是呈喷射状的粉红粪渍。有科学家专程跑到浮冰上收集帝企鹅的粪便，发现红色粪便几乎全由磷虾甲壳组成，而黑色粪便不含

※1 据《极地走航海冰观测图集》，融池又称融冰坑，由冰上融水聚集而成，初期主要来自雪的融化。

磷虾，主要为乌贼喙和南极银鱼的耳石，另有少量棕色粪便可能来自鱼类与磷虾的混合。根据粪便"留言"的地理位置推测，帝企鹅在陆架海域捕食鱼和乌贼，在远离陆架的浮冰区"团购"了磷虾。

当你试图从船上看清冰面上鸟粪的颜色时，驾驶员不会让船一味在冰区穿行，反而寻找浮冰较薄和水面开阔的区域，以减少不必要的碰撞损耗。因此一旦有震动发生，便意味着浮冰很可能多到无法避让。我开始对震动变得敏感。当人们在会议室里宣读文件，在多功能厅举办讲座，在篮球场里来回跑动——身处没有窗户的房间，与外界的唯一联系就只剩下不期而至的震颤，我全身的汗毛都在催促我走出舱室（显然不是每次都能如愿）——去看看冰面上是否站着一队企鹅，趴着一群海豹，又或是落着数只海鸟。

威尔逊想必不会错过任何一次震动。他乘"发现"号参加斯科特第一次南极探险时，曾于 10 月下旬在罗斯岛最东端的克罗齐角看过帝企鹅大举迁徙。此前一个月（9 月 12 日），克罗齐角冰面上所有的企鹅卵都已孵化。10 月 19 日，暴风雪来临前的一天，威尔逊看到帝企鹅在冰缘集结，开始了大迁徙。随后两天，又有两群企鹅来到冰缘。"等待的鸟群站立在所能走到的最远处，即将挣脱、漂移向北的下一片浮冰上……又过了两天，企鹅仍在大举移民，不过走的好像都是无子一身轻的。"10 月 28 日，罗斯海中已不见冰，大迁徙继续进行，仅有少数企鹅留存[②]。

我们于 11 月下旬进入普里兹湾浮冰区的时候，除了偶遇站冰或游泳的阿德利企鹅群，也远远地领略过"无子一身轻"的青少年帝企鹅在浮冰上的站姿。陆地对此时的它们来说已成遥远的回忆。后来我才知道，这两种生于南极大陆边缘的企鹅其实在背道而驰，已完成繁殖任务的帝企鹅向着远离陆地的方向迁移，而阿德利企鹅正奔赴高纬度的产卵场。

在威尔逊眼中，帝企鹅的迁徙似乎不能与阿德利企鹅的迁徙相提并论。他反倒认为帝企鹅与威德尔海豹（*Leptonychotes weddellii*）之间有很多共同点："沿岸分布、食鱼为生、定居不迁徙，只要有未冻结的水面，全年都尽可能南下。"另一端则是阿德利企鹅和食蟹海豹，两者"都有远洋习性，以甲壳类为食，食蟹海豹虽然不像阿德利企鹅那样有明确的迁徙行为，但也从未像威德尔海豹那样靠近南极大陆，而是更倾向于依赖浮冰"。威尔逊还指出，威德尔海豹与食蟹海豹"似乎约好了在生活习性和食物上都不一样，好和平共享这块领域"[3]。换成现在的话说，就是避免种间竞争。

❋ 帝企鹅青少年

现代研究得出了大致相同的结论。威德尔海豹确实全年不会远离大陆沿岸，食蟹海豹则随浮冰的消长进行长距离漂移。威德尔海豹在漆黑、严寒的极夜依然守着陆缘冰上的呼吸洞口过活，部分个体虽也乘浮冰在近海往复漂流，但算不上是"有目的"的迁徙，觅食后还会返回陆缘冰。帝企鹅则很难说是"定居"的。针对罗斯海西岸帝企鹅繁殖种群的追踪显示，成年个体通常在12月中旬至翌年1月中旬离开繁殖地（与此同时，罗斯海西部海冰覆盖范围迅速缩小），跋涉1 200公里前往拥有南极夏季最大冰场（ice field）的东罗斯海[※1]，找寻一块中意的稳定冰面，陆续在12月末至3月中旬换羽。这一路上，帝企鹅必须加紧进食、储备脂肪，使体重从离开繁殖地时的25公斤增至40公斤。但在连续30天的换羽过程中，因能量消耗巨大，其体重又会迅速跌落至20公斤以下。浮冰上的冰脊能为帝企鹅提供避风的庇护所，从而减少换羽期间的热量损失。完成换羽后，帝企鹅做的第一件事就是去海里捕食。如果换羽的地点是在大浮冰上，可能要走几公里才能入海，如果是在陆缘冰上换羽，则可能要走10~30公里才能来到海边。东罗斯海的帝企鹅重启迁徙之旅后，以每天13~41公里的速度向西移动，海冰向北扩张后它们也转向北方，边走边吃，又一次"徒步"上千公里，在冬季来临前回到繁殖地，于极夜中开始新一轮生命循环。

帝企鹅未成年个体离开出生地后，大约4岁才会回来参与繁殖。也有卫星定位记录显示，帝企鹅羽翼丰满的幼鸟与繁殖过后的成鸟出现在南极辐合带附近。相比之下，阿德利企鹅（特别是未成年个体）虽也向北扩散，但很少越过南纬60度。

聚居在冰面上的企鹅群体，前一秒还仿佛住在远郊的市民，过着自给自足的小

※1 12月下旬到翌年2月，东罗斯海浮冰覆盖面积也会大幅下降，但超大型浮冰（huge floe）即使到了夏末仍完好无损。研究人员在该区域见过的最大浮冰长约20公里，宽约40公里，有几群正在换羽的帝企鹅分散在冰面上（Kooyman et al., 2004）。

❈ 阿德利企鹅跳水

日子，后一秒却因破冰船的到来引发了骚乱。阿德利企鹅显然并不欢迎这破坏力极强的船体，它们会迅速上演一场"大逃亡"，排着队在冰上狂奔，待跑到冰面边缘、无路可逃时，经过一番互相推搡，又以异常优雅的姿势跃入海中。企鹅脚下的浮冰跟着掉落，就像是跳台坍塌。这一幕发生的地点，其实离船很远，但企鹅们看上去仍然"饱受惊吓"。毕竟，地球上最"危险"的生物正驾船驶来，无论如何应保持必要的警觉，哪怕是溃败式的四散逃窜。

对一艘破冰船而言，穿越浮冰带还用不上"破冰"技能。真正的破冰发生在海冰凝结为"大陆"的时候。被称为陆缘冰的冰层从陆地延伸至海中，纵向可以长到两米厚，横向可以铺满整个海湾。破冰之始，"雪龙"先骑上冰缘，靠船艏的重压碾碎冰层，待冲力消耗殆尽，倒车后退，再次蓄力向前挺进。如是反复冲撞、切割冰陆，直至冲出一条水道。

　　每当这时，包裹船艉龙骨的特种钢铁奋力"撕咬"着陆缘冰，曾经（对抗浮冰）温柔的震动变为剧烈的锉动。但液压锤式的破冰通常只能前进几公里，考察站还远在目不可及的几十公里外。渴望已久的陆地是远方地平线上的黑色虚线，银白闪耀的冰盖隐约可见，时常与云或者天空混淆。"陆上行舟"的尽头，"雪龙"开启"卧

※ 破冰形成的水道

冰"模式，人们忙着卸货，在 24 小时连续不断的阳光里，将甲板上的集装箱码放到白色冰原上，再开着履带车运送至陆地边缘的褐色岛屿——拉斯曼丘陵（Larsemann Hills），即中山站所在地。

缓慢的破冰给了人们更多时间来到无风的船艄拍摄。崎岖不平的冰陆，远看却只有不易察觉的轻微折痕和暴风扫荡留下的波纹。俯视之下的冰面并非一马平川，潮汐和风暴在暗中掰着手腕，夹在中间的陆缘冰被捏挤出冰脊，如刀锋倾斜，如碑

※ 拉斯曼丘陵

※ "雪龙"与翻转冰山

※ "雪龙"船旁的翻转冰山与平顶冰山

石矗立。"雪龙"左舷几公里外的地方，一座冰山翻扣在冰原上，它圆润的底部朝上，形似怪异的沙发。有队员希望能乘直升机飞临那座冰山的顶部，然后像坐滑梯那样顺着斜坡溜下来。这是世间许多无法实现的愿望中的一个。

如果从高空往下看，遗落在白色平原上大大小小、形状各异的冰山像是从天而降，在冰陆上砸出了深坑与裂痕。冰山脱胎于冰盖，而冰盖从中央向四周生长，沿高原缓缓下滑至大陆边缘，像是白色的裙脚。覆盖陆地末端的冰架继续接受自然力量的修剪，有一天，平顶状的冰立方从冰架上断裂脱离，跌入海中，或成为搁浅冰山，或开始奇幻漂流。

漂流在同一海域的冰山与浮冰，拥有截然不同的血统。极地高原是淡水冰山真正的出生地，多盐的浮冰却只诞生于海洋[1]。待到极夜来临，没能逃逸的冰山再次被冻结在海湾里，和浮冰捆绑在一起。随着又一个夏天到来，海冰之下潮汐往复、

※1 巴里·洛佩兹在《北极梦》(第 180 页)中写道："淡水通常在 39.2 °F($4\ ^{\circ}\text{C}$) 开始结晶，在这一温度淡水冰的密度最大。气温下降到 28.6 °F($-1.8\ ^{\circ}\text{C}$) 时，海水才开始结冰。"

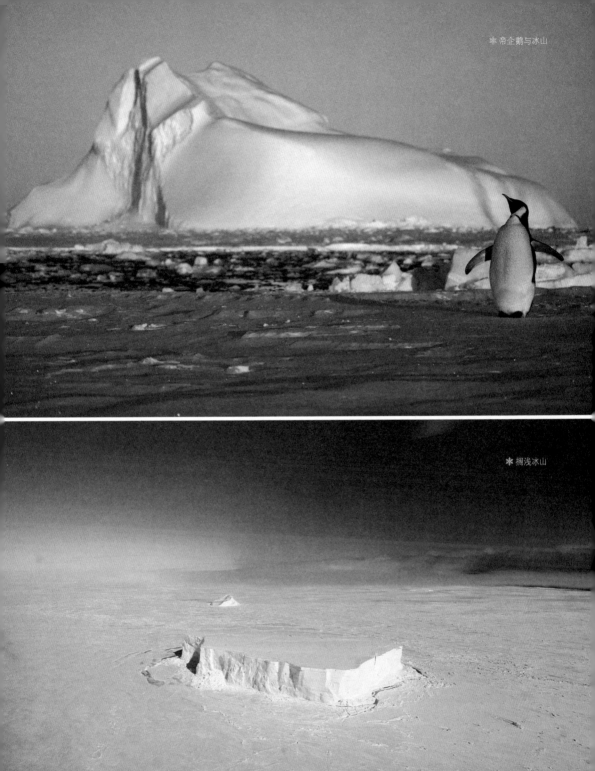

率 帝企鹅与冰山

率 搁浅冰山

暗流汹涌,冰山试图挣脱束缚,挣扎的痕迹绵延成宽可达几米的冰裂缝。对冰山而言,那缝隙是自由的希望,对冰上行走的人,则是死亡的深渊。

每到午夜,极昼不落的太阳低垂至地平线,玫瑰色的云彩既是晚霞也是朝霞。后来的半个月里,帝企鹅常常从船与冰山之间通过,如一小队蚂蚁搬家。远远看去,肚皮贴着冰面滑行或者扭胯踱步的帝企鹅队伍,沿着一条忽高忽低的曲线行进,线条断开处,企鹅一只接一只被冰原藏进了皱褶之中。只有站到冰面上,才能理解皱褶的真实尺寸,那里到处是高出冰面两三米、横七竖八的冰墙。置身其中,如同走进大地震后的废墟,一片疯狂的原野。

我在船艏前的陆缘冰上偶遇过三只落单的企鹅:两只帝企鹅和一只阿德利企鹅。我揣测企鹅行进的路线,提前选好位置席地而坐,等待"狭路相逢"的时刻。我怀疑是否听到了帝企鹅"肥胖"的呼吸声,它敦实的体内有一颗轻盈而满不在乎

❋ 翻越冰墙的帝企鹅

❋ 帝企鹅邂逅"雪龙"

的灵魂。当帝企鹅头上、背上顶冰戴雪，摇晃着桃色镶边的喙，趴下来用雪糕一样的肚皮贴地，用螺旋桨一样的跗跖向后蹬雪，用矿石一样的黑眼珠注视你，你脑海中就会浮现这四个字：满不在乎。

❋ 左图、中图："满不在乎"的帝企鹅

❋ 站在"雪龙"船前的阿德利企鹅

* 灰贼鸥

贼鸥也来了，降落在船四周翘起的乱冰堆上，觊觎着拣到食物残渣。南极大陆上分布的灰贼鸥（*Stercorarius maccormicki*）④ 比南极半岛上的棕贼鸥（*Stercorarius antarcticus*）个头小，两者在南纬 61~65 度之间同域繁殖，且在一些特定区域（如南极半岛）存在杂交现象，使得野外辨识极其困难。不过，拉斯曼丘陵位于南纬 69 度附近，只有灰贼鸥在此繁殖。"雪龙"卧冰时，来自景德镇的女队员走下舷梯，她在家乡看到雪的机会也许不多，刚一踏足冰面，便兴奋地示意我为她拍摄一组向后仰倒在雪地上的照片。当她仰面朝天"摔"在雪地上时，一只贼鸥以为嗅到了死亡的气息，立刻飞来啄她的左手。

彻里 - 加勒德猜测灰贼鸥能闻到马肉的味道。那是他们向南极内陆进发、登上贝德摩冰川（Beardmore Glacier）时看到的唯一生物："午餐时两只贼鸥出现，可能是被下面的马肉吸引来的，但这里离海很远，不知它们怎会飞来。"⑤ 仅仅是飞上南极内陆高原，似乎还不足以展示灰贼鸥的飞行能力，事实上它们在南极大陆完成繁殖后会北上飞越赤道，在北大西洋和北太平洋温暖的夏天里从 5 月一直待到 9 月。

1989 年 1 月至 1990 年 2 月，国家海洋局第二海洋研究所研究员王自磐在中山站越冬考察。他像迎接学生返校的宿舍管理员一样，记录着站区内几种海鸟的返归日期：10 月 8 日，灰贼鸥首次出现，同月有少量阿德利企鹅在海冰上活动[※1]，雪鹱迟至 11 月 5 日才露面。一般认为贼鸥的离返时间根据猎物的动向而定，10 月正值威德尔海豹在冰上集中产仔——中山站附近海冰上有四个主要的海豹分娩栖息群，王自磐在这一时期观察到"贼鸥争食海豹胎盘和啄食海豹尸体"。之后，他检查了 15 个灰贼鸥巢区中的 1 666 个反吐食丸（regurgitated pellet），确认了其食谱组成（百分数为出现频率）：66.2% 的雪鹱[※2]，5.6% 的黄蹼洋海燕以及 6.8% 的人类厨余垃圾，鱼类出现最少，仅占 0.7%。此外它们还吞下了砂石、海豹肉和自己的同胞[※3]。

　　到了船离开普里兹湾陆缘冰的那天，更多的队员聚集在船舷，与朝夕相处、相看两不厌的翻转冰山合影。有人发现了排成长长纵队、不慌不忙地在冰原上跋涉的帝企鹅，但再也听不到它们吹号般的、共鸣腔式的嗓音。如果有一种声音能代表南极，那就是洪亮、清澈、冒着白色哈气的帝企鹅啼鸣。驾驶室里，船员正与 44 公里外的中山站队员用甚高频电台话别，相比于企鹅，人类的声音在电波里传得更远。

　　后来我们航行在阿蒙森海，回到了冰的海洋。四处漂散的冰山——平顶的、圆顶的、坡状的、尖顶的、拱桥形的——就在船的两侧，像坐上了传送带的"旋转寿司"，不断从眼前划过。有如长城一样的冰坝横亘海中，宛如刀斧切削的侧壁陡立高耸，

※1 距离中山站最近的阿德利企鹅繁殖地在 10 公里以外，位于道尔柯湾（Dolkoy Bay）东南沿岸靠近大陆冰盖的小岛上。完成繁殖后，部分阿德利企鹅会来到中山站站区内换羽，在气象台附近可见遗留的大量羽毛。
※2 雪鹱是中山站区域海鸟群落中的优势种，1989 年 11 月 14 日，王自磐在海豹湾沿岸统计雪鹱有 850~900 对，并称"被贼鸥捕食后遗弃的雪鹱残骸在贼鸥巢区随处可见"。他根据食物残留物发现，被贼鸥捕杀的大多是雪鹱成鸟。
※3 王自磐在分析贼鸥吐出的羽毛渣团时，常见有灰色绒羽团，明显区别于雪鹱雏鸟的白色绒羽和威德尔海豹的黄褐色绒毛团，这些灰羽团多出现在 1 月至 2 月，他推测为贼鸥捕食同类雏鸟的产物。另外，贼鸥成鸟中的老弱病残者也会遭到同类攻击。

帝企鹅叫声

帝企鹅群

路过一座平顶冰山

雪面剥落处折射幽蓝的寒光，平
坦的崖顶向两端延伸，漫长得一
眼望不到边，冰坝靠近水面的部
位被海浪掏出孔洞，形似拱廊，
难怪常有人将冰山比作大教堂[⑥]。

❋ 换羽中的银灰暴风鹱

越来越多的生物出现在冰山
周围的浮冰上，飞羽缺损的银灰
暴风鹱、巨鹱三三两两地在冰上
扎堆，我忽然意识到这是南大洋
海鸟换羽的场所。它们总是在船
靠得过近后才仓促起飞，起飞前
不得不吃力地在冰上助跑。

正当我对浮冰的认识更新之
际，船艏前方出现了惊人的一幕。
我起初以为那是一团腾空而起的

❋ 在浮冰上换羽的银灰暴风鹱

灰雾。雾的边界夸张地扭动着，忽然偏离船艏，向南极大陆的方向飘去。我对准雾
团飘散的方向匆忙按下了快门。船在冰区低速航行，不用再担心顶风，我更多地来
到船艏，于是又遇见了几次"灰雾"。每当反应过来"雾"其实是鸟时，留给我的
只剩下背影。在那几百个身影中，恰好有一些侧影供我辨认：黑嘴、白额、灰腹、
白叉尾，竟是每年往返于两极之间的北极燕鸥（*Sterna paradisaea*）。它们个头太小
了，离船也太远了，此时又是非繁殖期，没有显眼的红嘴。如果只是停落在浮冰上，
燕鸥灰白色的身子与冰面颜色相近，根本难以发现。

※ 北极燕鸥群

　　2007 年 8 月，11 只平均体重约 105 克的北极燕鸥，戴着绑在脚环上的 1.4 克重的光敏定位追踪器，从位于格陵兰岛和冰岛的繁殖地向南出发。它们先飞到北大西洋的海盆区或洋中脊海域，"歇晌"十天到一个月，再沿着非洲西海岸或者美洲东海岸，一路南下。北极燕鸥充分利用盛行风向，以每天平均飞行 330 公里的速度，用时两个月抵达南大西洋扇区，随后在南纬 58 度以南、包括威德尔海在内的高生产力海区停留了 5 个月（11 月下旬至翌年 4 月上旬）。来自不同繁殖地[1]的北极燕鸥

～～～～～～～～～～

※1 全球一半以上的北极燕鸥都出生在格陵兰岛和冰岛（Egevang et al., 2010）。

※ 食蟹海豹群

组成了混合越冬群，轨迹显示它们的越冬地就在海冰边缘。不过，这项研究中的北极燕鸥从未向西越过德雷克海峡一步，因此也没有到过阿蒙森海。研究者还指出，由于光敏定位器获得的位置精度相对较低，在计算迁徙距离和飞行速度时只做了最保守的估计。即便如此，他们按照北极燕鸥超过 30 年的寿命推算，其一生中飞行的总距离仍然达到惊人的 240 万公里，相当于在地月之间三次往返。

阿蒙森海上最引人注目的还不是海鸟，而是把浮冰当作集会地的食蟹海豹（*Lobodon carcinophagus*）[⑦]。食蟹海豹的学名源自命名人对其食性的误解，但依据命名法则仍沿用至今，有人调侃正确的称呼应为"食虾海豹"。嗜食磷虾（占食物

❋ 食蟹海豹 照片过曝后，牙齿清晰可见

❋ 食蟹海豹

组成的90%）的食蟹海豹有着比罗斯海豹更为发达、复杂的颊齿构造，各齿的主尖头上岔出4个（前1后3）齿冠尖头（罗斯海豹只岔出两个），咬合时扎成严密的笼子，让猎物无处可逃。然而颊齿不具研磨功能，无法像臼齿那样"深加工"，海豹只能选择生吞猎物。威尔逊在随"发现"号考察时就已发现，食蟹海豹的胃和肠里含有相当数量的砂石，专为替代臼齿碾碎甲壳类的壳。

体长超过两米的食蟹海豹是地球上种群数量最大（估测为700万~1400万头）的鳍脚类生物。它们不仅为数众多，还喜欢组织大型"派对"。就在撞冰山的前一天（1月18日）夜里（仍处在极昼），我们的船经过了阿蒙森海一片聚集着几百只食蟹海豹的浮冰区，被邓文洪教授称之为"海豹居住的小镇"。那时是当地时间22点左右，天光依然大亮，很多人跑去船艏拍照。有着小猪一样吻突的性格温和的食蟹海豹，因巨轮驶过而发怒，最愤怒的个体张开血盆大口，向着钢板倾泻压抑的吼声。

2010年2月至3月，欧洲科学家曾到阿蒙森海（南纬72~73度附近）数海豹。他们除了在破冰船驾驶台瞭望，还乘坐直升机到空中观测，数出了冰上趴拖和水中游动的总计 14 500 只海豹[※1]，其中 99.7% 是食蟹海豹，其余的鳍脚类仅有 40 只威德尔海豹、10 只豹海豹和 3 只罗斯海豹。食蟹海豹分布密度最大的区域达到每公里 200 只，密集扎堆的群体甚至能将身下的中小型浮冰完全"掩盖"。

执行上述调查的破冰船同时还承担地震测量（Seismic Measurement）任务，需在船艉拖曳一个 3 米长的勘探阵列，拖曳时的船速为 5 节，当发现 1 公里外有鲸目动物或 500 米外有鳍脚类动物时，勘探仪器就会暂时关闭，以免干扰动物正常活动[※2]。这时从远处冰山附近游过来的食蟹海豹群，就会好奇地在船艉跟游（当船在开阔水域以 10 节航速行进时，海豹只能偶尔跟游几秒），大多是一到两头成年海豹带着一群幼年海豹，科学家推测这可能是当年繁殖过程的最后一个阶段。我们不妨想象一个"游泳学校"，由少量成年海豹担任教师，采用集中授课的方式，向新一届幼年海豹传授冰海生存的技巧。把授课地点选在冰山附近实在是明智之举，因为冰山浸没在水下的那 7/8 会融出大量淡水。随着密度较大的冰水下沉，底层水向上补充，引发上升流现象，将海底的营养盐搬运至表层，促进浮游植物（藻类）生长。慕"藻"而来的浮游动物中就有食蟹海豹的最爱——磷虾，浮游动物又引来更高层级的消费者，诸如中上层鱼以及海鸟与海兽。小海豹们为了日后的生存，找到这样一处"公共食堂"，实在是最首要的技能。

在繁殖季节，食蟹海豹以家庭形式在浮冰上趴拖。雄海豹此时的职责并不是保护幼崽，而是确保雌性在哺乳期间不受其他雄性骚扰，同时等待雌海豹在幼崽断奶后发情，以便开始本年度的交配。食蟹海豹的产仔高峰是 10 月中下旬，但 12 月中

※1 2011 年的调查数据显示罗斯海和阿蒙森海的食蟹海豹数量约为 210 万只（Bengtson, 2018）。
※2 海洋地震测量技术主要用于勘探海底油气资源，使用空气枪阵（airguns）向海底发射高分贝的低频声波，以成像地球物理特性。如果距离很近，这种声波将对动物造成直接伤害，例如气压创伤（barotrauma）。

* 食蟹海豹小群体　　　　　　　　　　　　* 食蟹海豹一家子

旬也能见到带娃的成年海豹，幼崽会和母亲共度3周左右的冰上时光。一旦交配完成，雄海豹即离开配偶，去其他地方另寻新欢。有研究认为，雄性食蟹海豹在"看守"雌性时，会发出低声或高声的呜咽（moan），以此警告附近的雄性不要靠近。

　　豹海豹（*Hydrurga leptonyx*）是食蟹海豹童年时的梦魇。食蟹海豹出生后第一年的死亡率高达80%，存活下来的20%中则有78%的个体受到过豹海豹的无情攻击，因而在身体上留下了"难以磨灭"的创伤，比如横跨棕色背部的长条形疤痕，很可能就是拜豹海豹弯而长的门齿和犬齿所赐。彻里-加勒德见过葬身于豹海豹之腹的小型海豹的残骸，他的队友利维克医生则在一只豹海豹的胃里发现了至少18只企鹅[8]。雄性豹海豹体长超过3米，体重300公斤，雌性豹海豹更是庞然大物，身长可达3.8米，体重500公斤。相比之下，刚刚断奶的食蟹海豹只不过是一块重达100公斤的可口甜点。即便是体长2.05~2.4米的成年食蟹海豹，体重也仅在210公斤上下，从身形上就已经处了下风。

※ 食蟹海豹身上的伤痕

或许不该用带有道德色彩的词汇来评价豹海豹，但我仍然觉得加勒德的概括相当中肯，他眼中的豹海豹"残暴、柔韧而优雅，就像海豹生存于其中的世界那样"⑨。性情凶猛的豹海豹比其他鳍脚类捕食了更多温血动物，但主食其实还是磷虾，尤其是在食物短缺的冬季。豹海豹在很多方面和罗斯海豹相近，比如喜欢独处和远方，繁殖过后离开浮冰区，向北方开阔海域漫游。我在阿蒙森海只见过两只豹海豹，全都独自在冰上趴拖，修长的脖颈在冰面上扭曲出奇怪的角度，让人联想到蛇。

　　如果侥幸逃过了豹海豹或是虎鲸的追杀，年纪渐长的食蟹海豹的皮毛会越蜕越白，直至变成所谓的"南极白海豹"（White Antarctic Seal），或者叫银色食蟹海豹（Silver Crab-Eater）⑩。光是毛色变化还算不上奇特，奇特的是老年食蟹海豹在临终前会"离家出走"去爬山。加勒德曾在罗斯海西岸的南维多利亚地（South Victoria

＊豹海豹

Land）的冰川上见到过孤独死去的威德尔海豹，而食蟹海豹"感觉自己天年已尽时，益发孤僻独处"，并且比威德尔海豹走得更远，其尸骸常出现在离海岸 50 公里、海拔将近千米的高地上。加勒德引用威尔逊的话说："这样奇异的行为，只能解释为生病的动物想要远离它的同伴。"⑪

现代研究同样证实了食蟹海豹向着内陆"出走"的行为，支持这一论断的发现与加勒德见到的情景如出一辙。在距开阔水域 113 公里、海拔 1 100 米的地方，那些离群索居的食蟹海豹笃定地爬向高山"坟墓"或是迷失方向，在寒冷干燥的内陆孤独死去，干尸可保存几十年至几个世纪之久。

船在密集冰区航行时，我站在船艏桅杆下的小平台上，扫视着前方冰面上可能是海豹的"墨点"。一个女队员来到船艏，站在桅杆平台下方，对准视线前方海豹出现的位置，一会儿从左舷换到右舷，一会儿又从右舷换回左舷。船一直在调整方向，绕开那些浮冰上的生物，但不是每一次都能恰好避开。当船艏朝着一块载有海豹的浮冰直直驶去时，女孩突然开始学起狗叫。

"汪！汪！"她冲着距离越来越近的海豹喊道。随着船的迫近，冰面上的海豹变得越发焦躁不安，开始慌乱地扭动躯体。女孩更加急切地喊道："汪！汪！快跑啊！快跑！"就在眼看船艏要碾过那块浮冰时，海豹费劲地蠕动了一下，一出溜滑入了水中。我们看不到海豹的最终去向。女孩赶紧转身，向后跑到船舷边，盯着破碎的海面，嘴里仍在喊道："汪！汪！"

我发誓，我再也没有听过比这更绝望的喊声了。

扫描二维码
查看拓展阅读

一只鲸的四次叹息

❄ 船舯舱盖打开后

　　中山站卸货期间，"雪龙"船在冰天雪地里敞开了自己的肚皮——船舯甲板舱盖。当我再次走出艏楼，看到二楼护栏外是一个"深坑"，足够并排装下好几条蓝鲸，舱盖上的货物却早已搬运一空。

　　船舯甲板两端各有一台塔吊，向天空伸展着四只红色吊臂。如果到海冰上拍摄一段延时视频，你会看到这四只"手臂"在甲板上方自如"挥舞"，如同对弈。只不过与下棋所做的事情相反，吊臂正把棋子（集装箱）从棋盘（舱盖）上全部拿走，这个过程叫作"扫舱盖"。

半个月繁忙的卸货结束，"雪龙"敞开
的肚皮轻轻合拢，我才终于明白，人们何以能
在返程过赤道时到船舯散步，乃至举办户外烧
烤，因为那里俨然一小块平整的陆地。这之后
的航行中，我时常独自一人站在船舯甲板上，
等待着从视野两侧——前方被艉楼挡了个严严

❋ 邓文洪在船舯甲板 丁孟德 摄

实实——"漏"过来的海豹。海豹对浮冰的形状似乎存在偏好，有着一定厚度、边
缘坡度平缓、中央分布着少许冰脊的浮冰看起来更具吸引力。

某天午饭时间已到，我决定在船舯再停留片刻，看看会偶遇何种极地生物。忽
然间，船速减慢，"雪龙"在冰山间静悄悄地转弯。万籁俱寂的时刻，一定会发生什么。

❋ 海冰卸货

不多时，距左舷 10 米左右的海面上，一只座头鲸（*Megaptera novaeangliae*）[1] 开始了它的换气表演。它浮起黑色头顶，露出两个硕大的呼吸孔，水汽喷薄而出，伴随奇妙而难以形容的喷气声（不亚于灵魂深处的一次战栗）[2]，呼吸孔没入水中，水雾停留在半空，匕首状的背鳍划开水面，冰冷的海水顺鲸背四下流淌，桨叶状的尾鳍平静地出水又顺滑地入水，没有溅起水花。鲸背再次浮出水面的位置显示它正向船艏游去，第二次换气、喷气声、水雾、亮背鳍、抬起尾鳍……一连四次。

❋ 座头鲸呼吸孔

❋ 座头鲸背鳍

抬起尾鳍往往是鲸准备下潜的信号。如果座头鲸浮出水面时依次露出了呼吸孔和背鳍而没有抬尾鳍，那它可能不会立刻下潜。据《中国鲸类》记载，座头鲸是大型须鲸类唯一能以巨大的鳍肢划水，使其庞大的躯体（13~15 米）全部跃出水面的鲸种。这也是观鲸活动中人们最愿意见到的奇观。

就算已经看过不少南极的影像，也只是在有限的尺寸里观看其中一个

———————————

[1] 座头鲸英文名为 Humpback Whale，意即"驼背鲸"。《中国鲸类》（化学工业出版社，2012）拟定的中文名是"大翅鲸"，描述了其最显著的外观特征——长达 4.6 米的胸鳍，为鲸目动物之最。本书依照大众熟悉程度，采用了更为人熟知的中文名"座头鲸"。
[2] 卡尔韦（Leigh Calvez）在《鲸叹》（北京科学技术出版社，2020）中（第 43 页）形容座头鲸的呼气声："它那巨大的肺发出汽车轮胎充气时的声音。"

角落。因为无法置身其间，我们失去了比例概念，海中巨兽一旦真的出现，仍会以异乎寻常的方式进入记忆。此后，我再没这么近距离地听过一只座头鲸的"叹息"，那"叹息"声留下的形象甚至比鲸本身还要巨大。

"浮冰群是观察辨认鲸的最佳地点，因为在这里它们活动受限。"加勒德向读者分享他的观鲸经验，"通常情况下，观察者只能凭喷出的水柱、背与鳍的形状来辨认鲸种，但在浮冰群中有时能看到更多。"[1] 接着他引用了队友利莱的科学报告，报告里描述了一头小须鲸（*Balaenoptera acutorostrata*）① 把脑袋歇在冰面上，露出颌部和呼吸孔，对人们掷来的煤块不予理睬，并且喷了喷水。

20 世纪末，人们不再把小须鲸看成单一的物种，而是将体型较大的南极小须鲸（*Balaenoptera bonaerenis*）[2] 从中划分出来，遗传证据也显示这两个物种分化的历史已有 500 万年。本来根据观测地点是在北半球还是南半球，就可以轻松区分小须鲸与南极小须鲸，但南半球还存在一种小须鲸亚种（另外两个亚种都在北半球），俗名是侏儒小须鲸（尚未获得正式命名，英文名为 Dwarf Minke Whale）[3]，其胸鳍上侧有大面积的白色，且白色能一直延伸到肩部。相比起来，南极小须鲸的胸鳍上侧乌黑，只在前缘有一道狭窄的白边，这是两者最显著的区别。此外，南极小须鲸背鳍前面有一道明显的灰白纹，肩部向上有一道新月状灰白纹，呼吸孔后也有两道灰白纹，但如果距离不够近、照片不够清晰，或者鲸露出水面的部分太少，基本上很难做到"二选一"。考虑到南极小须鲸在南极海域比侏儒小须鲸更常见 ②，本书权且只按南极小须鲸记录。

※1 《世界最险恶之旅Ⅰ》，第 121 页。另外，所谓"水柱"其实是鲸呼出的气体遇冷后形成的水雾。
※2 南极小须鲸英文名为 Antarctic Minke Whale。成年雌性南极小须鲸平均体长为 9 米，雄性为 8.5 米。
※3 侏儒小须鲸体长比南极小须鲸短 2 米。

大多数须鲸在低纬度海域繁殖，到高纬度海域觅食。1月11日，"雪龙"从罗斯海到阿蒙森海的中途，我拍到的每一只南极小须鲸的背后几乎都有一座冰山——冰山露出水面的部分是鲸餐厅的店招，位于水下的那 7/8 店面供应着"磷虾快餐"③。南极小须鲸在冰层下倏忽而逝。它们行事低调，浮出水面换气常悄无声息，很少招摇地跃身击水或喷出显眼的雾柱，镰刀状的背鳍稍作展示便收回水中。如此谨慎的作风并非没有来由，有研究称，85% 的南极小须鲸成了虎鲸的盘中餐。或许，低调

❋ 南极小须鲸

✸ 座头鲸喷出的水雾

保平安。

　　鲸群像是一股来自温暖海域的潮汐，在海冰消融的时节席卷到南极海岸。每年 11 月初，南极小须鲸开始出没于大量海冰覆盖的陆架海域[④]，被认为是一种喜冰（pagophilic）的物种。凭借相对瘦小的身形，南极小须鲸适应了在狭窄的冰间水道穿梭觅食。这也印证了加勒德和利莱在浮冰区的观察。不过，冰层并非仅是用来休息的"枕头"，可能还是抵挡虎鲸追杀的"盾牌"。

　　与南极小须鲸同为磷虾食客的座头鲸，也会在 11 月南下[※1]，不过节奏略有不同。在环南极范围内，座头鲸紧紧追随海冰消退的脚步，利用冰缘地区的高生产力，一边进食一边向南推进，2 月底才来到南极海岸。这时南极小须鲸已经开始退回北方了。

　　座头鲸比南极小须鲸更具"镜头感"[⑤]，被目击频率更高，也让我有了更多机会见识冰海中的"喷泉"——鲸的雾柱，或者不如说是地热一般的白色蒸汽——短暂地在海面腾起，旋即消散如烟[※2]。

　　假使将座头鲸的水面表演算作它全部生活内容的 1/8，那另外的 7/8（包括著名的鲸歌）如同冰山底座一样，仍然沉在水中，并且踪迹难觅。"雪龙"在阿蒙森海调查期间，上海交通大学海洋学院院长、磷虾专家周朦讲述了他在南极半岛西侧某个海湾的研究经历。秋冬季节，那个海湾聚集着 2 400 万吨磷虾和 400 只座头鲸，鲸群在考察船周围往来游弋，也许正做着和船载鱼探仪相似的事情，即用声学信号（回声定位）"扫描"水层，以确定磷虾分布的密度和水深（座头鲸只吞食高密度的大型磷虾群）。同时，有科研人员换乘橡皮艇，开到浮出水面的鲸背旁边，手持一根

※1 座头鲸分布在北大西洋、北太平洋和南大洋。南大洋种群在南半球的夏季到南极海域觅食，冬季向北迁徙回到繁殖地越冬，例如在巴勒尼群岛觅食的种群会北迁到新西兰和汤加繁殖。
※2 《中国鲸类》描述座头鲸"喷起的雾柱顶端散开如球形"，高 4~5 米。

长杆，将长杆末端的吸盘式追踪器"粘"到鲸背上，最好是背鳍周围。随后生成的水下轨迹显示，座头鲸白天睡觉、晚上捕食，捕食时采取突袭方式，先潜水到几百米深处，随即一边上浮一边接近目标，最后从磷虾群下方猝然发起攻击。从5月到8月，海湾里的400只座头鲸吃下了14万吨磷虾。

使用吸盘式追踪器是鲸类调查中比较温柔的手段，科学家有时也会现场取一些鲸的皮肤和鲸脂样本，拿回实验室提取DNA并测定孕酮值。一项开展于2010—2016年南半球夏秋季（1月至6月）的座头鲸皮肤活检调查证实，从南美洲、中美洲西海岸（如厄瓜多尔、哥伦比亚和巴拿马）的繁殖地迁来南极半岛西部觅食地的座头鲸种群中，雌性和受孕雌性的数量都在增加⑥。在总共507只座头鲸中，计有239只雄鲸和268只雌鲸，孕酮水平表明，63.5%的雌鲸怀有身孕，而44只处在哺乳期、带着幼鲸的雌鲸中，有超过一半怀上了"二胎"。

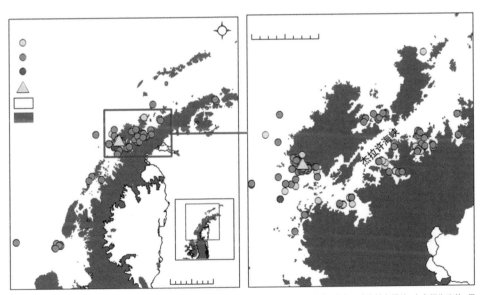

※ 南极半岛及杰拉许海峡的座头鲸怀孕比例（黄点为未孕，绿点为怀孕，红点为无法确认，黄色三角为帕尔默站，白方框为冰盖，黑方框为陆地）Pallin et al., 2018 cc-by 4.0

❋ 座头鲸尾鳍

研究人员据此判断，座头鲸正从商业捕鲸造成的几近灭绝的状态中恢复过来。一个世纪以前，远洋捕鲸的主要目标还不是体型较小的座头鲸和南极小须鲸，而是海中巨无霸——蓝鲸和长须鲸。没过多久，后两种须鲸资源急剧耗竭。

1904—1910年，座头鲸成为南乔治亚捕鲸业的开发对象。面对船坚炮利的捕鲸队，座头鲸自然无力抵抗，到了1913—1914年的捕鲸季，被捕获的座头鲸数量衰减到只占总捕获量的20%不到。类似的灭绝式捕鲸也发生在南极半岛以北的南设得兰群岛（South Shetland Islands）。1966年，国际捕鲸委员会（IWC）宣布禁捕蓝鲸和座头鲸[⑦]。

1月25日，"雪龙"船开到了位于南设得兰群岛菲尔德斯半岛（Fildes Peninsula）的长城站附近海湾。西风正劲，漫天飞雪，两只座头鲸在湾口频繁活动，时不时地亮出尾鳍。每一只座头鲸的尾鳍图案都是独一无二的，可作为身份识别特征。这两只鲸的尾鳍上下两面均有白斑，上表面的白色少一些，分散在两端，下表面的白色多且成片，远看就像是落满了无言的积雪。

扫描二维码
查看拓展阅读

九级风里游来观光企鹅

❋ 飞行甲板

现在我们已经走过了船艏、船舯，该走向船艉了。进入西风带以来，船艉后方波动的海面就是信天翁与鹱的地盘。在艉迹上兜圈的海鸟如同进入奖池的号码球，等待我用相机从中摇出一只此前未见的新种。

到船艉去。在船舯末端迈上 12 级台阶，经过另一栋白楼——轮机机舱与直升机机库，视野忽然一片开阔。大片的绿色涌入，是铺了绿漆的停机坪，红白相间的围栏立在四周。走到有龙门吊把守的那一侧围栏边沿，发现下方还有一层甲板突出在外，构成真正的"船艉"。这层处在飞行甲板下方的甲板，我姑且称之为"船艉甲板"。

假如有人站在那里，螺旋桨搅起的绿涛再向上涌动一米，就可以没过脚面。

　　人们在船艉试验性地做了几次拖网，除了粉红色的磷虾，还捞起了两种鱼：一种长有蝴蝶结状的胸鳍，没有鱼鳞的身体近乎透明，名为黑鳍冰鱼（*Chaenocephalus aceratus*）；另一种长相虽然平平无奇，却是南大洋海兽与海鸟的重要口粮——南极银鱼。

❋ 船艉拖网

如果不了解一些细胞层面的知识，你可能很难对这些只有成年人手掌大小的鱼肃然起敬。首先还是说下分类。南极鱼亚目（Notothenioidei）[1]是分布在南极锋以南[2]鱼类中的优势物种，占据了鱼类种类的半壁江山和90%的生物量，包含8科44属137种，其中就有黑鳍冰鱼所在的鳄冰鱼科（Channichtyidae）和南极银鱼所属的南极鱼科（Nothotheniidae）。

※ 黑鳍冰鱼

自3 500万年前南美洲与南极半岛分离后，德雷克海峡出现，南大洋连通，南极绕极流形成一道"结界"，阻止了赤道暖流向南流动，将南极大陆"封印"在地球一端。又过了大约

※ 南极银鱼

1 000万年，南大洋开始冷却。距今1 000万~1 400万年里，这片海域的水温一直低于5 ℃。直到最近，其水温范围上限为1.5 ℃（最北端），下限为-1.9 ℃（最南端）。南大洋像一座禁闭岛，使南极鱼享有近乎"地理隔离"的演化环境。身处"冷宫"之中，南极鱼最终在体内产生了相当于防冻液的抗冻糖蛋白（antifreeze

※1 或泛称为南极鱼（notothenioid）。
※2 即南大洋，以快速流动的南极绕极流为界，包含南纬60度以南的大部分水域。

glycoprotein），即便徘徊在 -1.9℃的水域中，南极鱼的细胞仍能保持活性并且不会结冰。

南极鱼演化出耐寒能力的同时，也付出了一些代价，例如缺少热休克反应（heat shock response）[1]，同时由于极端的狭温性（stenothermy），许多物种在比栖息地温度仅高几度的温度下就会死亡。更为奇特的是鳄冰鱼科，如果我们从半透明的冰鱼身上取血，将得到一管浅青而非血红的液体，这是因为鳄冰鱼科的物种是仅有的血液中缺失血红蛋白的脊椎动物。

与那些有着鲜红鳃盖的鱼种不同，冰鱼的鳃呈现失血一般的苍白。没有血红蛋白来装载氧分子，冰鱼的携氧能力不及红血鱼类的 10%，但此种严重的生理缺陷却没有阻挡冰鱼畅游冰海。所以冰鱼如何向身体各部位输送氧气呢？答案是它们"改造"了自己的心血管系统，即拥有更大的心脏、更多稀释的血液①和更密集的血管。换句话说，那些没有产生抗冻糖蛋白和心血管变异的冰鱼，都被淘汰出了南极圈。这一切改变（基因突变）能够成功的前提，是冰海制造了富含溶解氧的环境，使得氧分子无须血红蛋白的装卸，只通过扩散作用就可以在"白血"中运输，而无鳞的皮肤也能帮助冰鱼吸收冷水中的氧。

不过，全球变暖已经波及冰鱼生活的"国度"。20 世纪 80 年代，绕极深层水的上部（Upper Circumpolar Deep Water）温度已比 20 世纪 50 年代升高了 0.17 ℃。20 世纪后半叶，海水表面温度上升了 1 ℃，预计本世纪还会再上升 2 ℃。对于包括冰鱼在内的南极鱼来说[2]，曾让它们歪打正着地适应了冰海的"生理缺陷"——血红

※1　即细胞遭受特殊环境刺激时进行自我保护的防御机制。
※2　有研究比较了黑鳍冰鱼、眼斑雪冰鱼（*Chionodraco rastrospinosus*）与三种红血的南极鱼对温度上升的敏感性，结果表明热耐受性与血液的携氧能力有关，也就是说冰鱼更不耐热。

蛋白缺失、不耐热等在严寒王国获得的"通行证"，却可能是温暖世界里的"墓志铭"。

一旦风向适宜，机舱烟囱排出的温室气体（燃油废气）便会飘向飞行甲板。不知嗅觉灵敏的海鸟会"作何感想"，至少会阻挡我迈向船艉的脚步。然而那些船艉之外的降落偶尔"灵光一现"，让我见识了海鸟生活的内核，看管鼻目鸟类如何从优雅的飞行员变成一只湿漉漉的"鹅"，在海水里涮洗它们的口粮。引发这场海上迫降的是船上丢弃的厨余垃圾，或者更准确地说，是海鸟执飞了腐败气味的经济航线，准确降落在被残羹装点的"水上机场"。

在一张逆光的照片中，一只漂泊信天翁收起狭长的"机翼"，向下弹出"起落架"——布满血管丛的大脚蹼。它像抓周的孩子那样跌坐在海上，身边是一圈漂散开的食物残渣。海鸟的每一次落水都是为了再次起飞，食物即"燃料"（冰凉的口感可能更像冰棍），即使在西风带，这条繁忙的航线也从未停飞。

我开始在船艉拍摄各式"材质"（颜色）的"起落架"，"树脂"的——漂泊信天翁，"黑铁"的——白颏风鹱，"黄铜"的——黄蹼洋海燕（*Oceanites oceanicus*）[2]。让我们说一说了不起的黄蹼洋海燕吧！这种体长不到20厘米、平均体重不超过40克（还没有一个鸡蛋重）的小鸟在亚南极岛屿及南极大陆沿岸繁殖[3]，却能长途迁徙到北半球越冬，包括波斯湾、日本以及美国海岸都曾有过记录。中国沿海也出现过少量的

※ 白颏风鹱

※ 准备降落的漂泊信天翁

黄蹼洋海燕。2019年8月，一只黄蹼洋海燕被台风"利奇马""快递"到了杭州西湖，
没人知道它究竟顺风飘飞了多远。

　　曾在中山站见过黄蹼洋海燕蹲坐在风化岩壁上，黄色的脚蹼踩着砂石碎屑，像
脱水干枯的落叶，那里有它们的巢穴。可是如果换到南大洋上，放进冰山的比例尺
里衡量，黄蹼洋海燕将缩小为难以端详的黑色标点，更不要提看清脚蹼的颜色。

　　只有狂暴的西风能把它们拉近镜头。菲尔德斯半岛的海湾里，我先是在船舷边，
随后又在船艉，两次注意到在水面"行走"[1]的黄蹼洋海燕。它们伸出黄铜色的脚

※1　有说法认为 petrel 一词源自《圣经》中记载的在水上行走的彼得（Peter），可能是形容海燕和鹱用蹼踩水的行为。

蹼轻盈地点水前进，看似轻松，实则是顶着风速每秒 20 米以上的 9 级风。风推起水波，也托住了海燕小小的身躯。它们以风为帆，在海面悬停，两只脚蹼同时没入水中，像是一架水上飞机，被风推远后便又鼓一鼓翼，重新靠近船体背风处，跳起足尖上的舞蹈。大风展示了海燕飞行的"慢动作"，但只有相机才能捕捉到黄色脚蹼在水中舒展的瞬间，那是演化之神颁发给黄蹼洋海燕的金牌，在风雪之下的冰海中发光。

　　为了看明白黄蹼洋海燕的水上慢动作，早在 1978 年，南非开普敦大学的研究者

✳ 黄蹼洋海燕踩水

就逐帧分析过海燕在水面悬停的画面，当时使用的还是每秒 16 帧的电影胶片[※1]。不过那段画面中的黄蹼洋海燕并没有处在强风之中，当环境风速小于每秒 5 米时，黄蹼洋海燕除了将脚蹼张开"锚定"在水中，由此产生可与风阻（aerodynamic drag）相抗衡的推力[※2]，同时翅膀朝两侧水平伸展，或向上越过背部形成反角（dihedral）以维持悬停的稳定性外，还会做一个被称为旋翼（wing flip）的小动作，即在 0.15~0.21 秒内由翼根向翼尖的快速扭转，其细节需借助每秒 200~400 帧的高速摄影才能确认。这种旋翼"特技"会产生强劲升力，让海燕像风筝一样牢牢钉在"静止"的画面中。

作常规飞行时，黄蹼洋海燕深知乘气流翱翔比鼓翼飞行花费的代谢成本低，因此顺着波浪间的气流"轨道"上下起伏，展现出娴熟的御风技巧。但在捕食时，黄蹼洋海燕选择了以悬停的方式贴近水面，而不是扎进水里或坐在水上。水上悬停的难度在于，向上的风可以帮助鸟相对于地面保持静止，但海燕在波浪之间或平静的水面上遇到的却是水平风（horizontal wind）。若想定点悬停，就必须降低高度以克服风阻，或者以某种方式向着来风加速，这正是黄蹼洋海燕久经考验的"空气动力学"：翅膀向两侧伸展几乎固定不动，两脚垂放至水中快速拍打（patter），身体迎风倚向波浪找到力的平衡④。

黄蹼洋海燕从水中捕到了什么？即使在定格的照片中，也难以发现猎物在哪儿。1984—1985 年的三四月间，科研人员在南乔治亚岛鸟岛黄蹼洋海燕的巢洞周围布设了雾网，等候那些夜晚归巢饲喂雏鸟的亲鸟"落网"。亲鸟撞网后或被人从网上取

※1 早期无声电影胶片是每秒 16 帧，后来发展成有声电影为每秒 24 帧。
※2 黄蹼洋海燕通过划动脚蹼，可以相对于水面保持静止，或以每秒 0.3-0.5 米的速度在水面上移动。

下时，就会防卫性地吐出胃内容物，拆分这些反吐物即可发现其食谱组成[※1]。这会让我们明白，照片里海燕喙尖挑起的水珠，并非"竹篮打水"一场，猎物就在那里，只是尺寸太小，凭肉眼难以分辨。

经测定，反吐物中的主打菜是甲壳类动物，占食物总重的 68%。被捕食的甲壳类中，数量最多的是一种 1~2 厘米长的端足类生物 *Themisto gaudichaudii*[※2]，其中近八成为幼体，最重的成体也仅有 0.2 克；磷虾虽然数量不占优，但贡献了甲壳类总重的一半以上，主要为 2.5~5 厘米长的幼体和亚成体，最重者 0.7 克；此外，2~5 毫米长的桡足类和腺介虫幼虫（Cypris Larvae）也在被捕食之列。黄蹼洋海燕捕到的最大号猎物是鱼，占食物总重的 28%，主要为灯笼鱼科的两个物种[5]，估计有 6~8.5 厘米长、1.8~4 克重。雏鸟每餐平均 7 克的食量可占成鸟体重（28~50 克）的 14%~25%。

还有一种漂在水面上的食物等待"捡漏"，黄蹼洋海燕会一点儿不浪费地将其拾取，这就是油脂碎片。以前，捕鲸活动遗洒的鲸脂是黄蹼洋海燕的可口加餐。现在，零散油脂的主要来源是被豹海豹、巨鹱等大型猎食者享用后的"剩菜渣滓"，包括鱼的内脏或海豹、企鹅的腐尸分解出的"汤汤水水"。我想，吸引黄蹼洋海燕来到"雪龙"船舷的，恐怕也是油脂（厨余）的味道——被风散播开的海上福音。

说完了菲尔德斯半岛的 9 级风，还有另一场同样等级的风暴在等着"雪龙"。前文提到，因为一个无法避开的西风带气旋，"雪龙"船曾调整航线前往麦夸里岛避风。到达时是傍晚，整座岛屿风雨如晦，气旋云系的泼墨渲染了半边天。透过夕

※1 3 月至 4 月是黄蹼洋海燕的育雏后期（11 月至翌年 2 月产卵，孵化期 33~59 天），研究人员共收集到 80 份反吐物，其中 29 份仅含有油性液体（oily liquid），51 份含固态成分（单份质量从 0.5~6.4 克不等）。另外还在 5 份样品中检出了塑料。
※2 *T. gaudichaudii* 由于丰度高、集群活动和在食物链中的重要性，常被称为"北方的磷虾"。近年来，随着西南大西洋水温上升，该物种的活动范围已倾向于向南扩展。

阳的余晖，黑眉信天翁与漂泊信天翁留下昏黄剪影，仿佛正在穿过历史的迷雾。夜晚过去之后，气旋中心将自西向东扫过这片海域，用狂风拥抱这座南北走向、平均海拔 240 米的狭长海岛。我们的船在岛屿东侧 2 海里（3.7 公里）外漂航，静等风来。

1810 年 4 月，位于南纬 54 度的麦夸里岛首度出现在人类视野中，它恰好处在从澳大利亚到南极的中途。随着大批捕鲸船的到来，岛上的海豹最先遭殃，然后是企鹅。人们捕杀动物的主要目的是炼油，无数动物脂肪化作灯油，点亮了西方工业文明的夜空。

麦夸里岛有两处超大型的王企鹅（*Aptenodytes patagonicus*）繁殖地，一处在北端地峡（North-End Isthmus），另一处在岛东侧的路西塔尼亚湾（Lusitania Bay）。北端地峡是连接岛屿最北侧无线山（Wireless Hill）与岛体其余部分的一块低洼地带。自从人类发现麦夸里岛后，北端地峡就成为企鹅炼油与海狗毛皮加工的"工厂"[※1]。1820 年，成千上万的王企鹅仍在北端地峡繁衍生息，等到 1894 年，此地唯一能证明王企鹅存在过的证据就只剩埋在沙下的骸骨。1895 年之后的十七年间，路西塔尼亚湾的王企鹅也被捕杀到仅余 5 000 只。当企鹅"油桶"被搜刮殆尽、几乎无利可图时，人们又打起了企鹅蛋的主意，成功将企鹅逼上了绝路。

1904 年，威尔逊曾为麦夸里岛的王企鹅请命，呼吁人们停止猎杀。彻里 - 加勒德接过了已逝队友未竟的心愿，在 1916 年敦促塔斯马尼亚州政府立法禁猎。但直到 1918 年，该岛才停止"开发"王企鹅。在 1933 年野生动物保护区设立之前，麦夸里岛的王企鹅大约还剩 3 400 只，包括 600 只雏鸟。不过一旦停止商业猎捕，企鹅种群规模也开始回弹。1980 年，路西塔尼亚湾的王企鹅雏鸟数量比 1930 年增加了 78 倍。

※1 北端地峡现在是麦夸里科考站所在地，自 1948 年以来一直有人居住。

※ 黑眉信天翁 2018 年 12 月 23 日
摄于麦夸里海域

漂泊信天翁 2018 年 12 月 23 日
摄于麦夸里海域

2000 年，路西塔尼亚湾的王企鹅繁殖种群估计为 15 万 ~17 万对，并且仍在增加。

而北端地峡在王企鹅绝迹近 100 年后，终于在 1992 年 9 月喜迎"旧主"回归。一小群（最多时有 56 只）王企鹅登陆地峡东南侧的小溪谷（Gadget Gully）换羽，这里有它们喜欢的干燥沙滩、鹅卵石与草丛，是理想的产卵地。虽然当年没有繁殖，但这批"先遣队"一直待到了 1993 年 3 月[※1]。又过了两年，1995 年 2 月 20 日，一枚王企鹅卵出现在小溪谷，彼时有 200 多只成年王企鹅聚集于此。同年 3 月 6 日，人们在小溪谷总共观察到 3 枚王企鹅卵，这些卵都被成功孵化，但没有一只雏鸟有幸存活下来。很快，新一轮繁殖季拉开帷幕，1995 年 12 月 3 日，比上一季提早了两个月，小溪谷里的王企鹅种群产下第一枚卵，后来卵的数额增加到 6 枚。1996 年 2 月 5 日，两只雏鸟破壳而出；同年 10 月 16 日，这两只幼鸟都已羽翼丰满，成为 1894 年之后第一批在北端地峡出生并长大的王企鹅。

接下来的繁殖季，北端地峡的王企鹅表现得越来越熟练，它们一般 9 月中旬上岸，完成婚前（pre-nuptial）换羽，11 月底或 12 月初（最迟可到翌年 2 月中旬）产下一卵，历经 55 天左右的孵化，雏鸟于 1 月中旬破壳。1995—2000 年的五年间，收复失地的王企鹅种群开始以每年平均增长 66% 的速度提高雏鸟"产量"。2008 年冬季（8 月），仍然存活的雏鸟数量达到了 235 只。

路西塔尼亚湾王企鹅繁殖地的承载力如今已经接近饱和，除了北端地峡，麦夸里岛的王企鹅种群还扩散到了沙湾（Sandy Bay）和绿峡（Green Gorge）。这两处繁殖地也都在岛屿的背风侧（东侧），并且有化石证据显示在 2 000~3 000 年前，绿峡

※1 王企鹅繁殖个体一般在 11 月下旬到达繁殖地，产卵期从 11 月持续到来年 3 月，每次只产一卵。从登陆换羽到哺育雏鸟至羽翼丰满，成鸟会在陆地停留 13~16 个月。尽管繁殖周期长达 1 年，成鸟可能仍会连续几年尝试繁殖，但"间隔年"的可能性也随着连续繁殖次数的增加而增加。

❋ 麦夸里岛东侧

就曾"收留"过王企鹅。

"雪龙"前来避风的第二天清晨，在风力和洋流的双向加持下，船的漂航呈现自西北向东南的移动轨迹，待漂到岛屿南端后，船再开回岛屿北端。如此循环往复的漂航中，我们得以看到麦夸里岛在时阴时晴中缓缓展开它东面的卷轴：山崖与海滩，绿壁与黑岩。有人说那久违了的绿色不是高等植物，大概是低矮的苔藓，这又何妨，既然那已是绿的瀑布。

不过那时我并没有发现海滩上的王企鹅。隔着 3.7 公里，望远镜带来的惊讶还只停留在——原来海滩上白花花的不是卵石，而是数以万计的企鹅肚皮，夹杂其间的棕褐色椭圆物也不是废弃油桶，而是胖乎乎的海豹。所见几处企鹅海滩中，一定有名为绿峡和沙湾的所在，北端地峡的科考站房子也已清晰可见。但若想分辨具体的物种，则难以看清可供识别的细节特征。就在望洋兴叹之际，有地质队员在驾驶台轻飘飘地说了一句：水里有企鹅。

千真万确。我这才注意到船艏前方偶尔跃出海面的"蝶泳选手"，那看起来活

似一群海豚。更重要的是，抓拍到的照片里那标志性的白脸、白喉、黄眉和红嘴，意味着它们是麦夸里岛特有的皇家企鹅（*Eudyptes schlegeli*）⑥。到船艉去！我并不知道这些企鹅能否在船艉停留，但那儿是唯一能近距离拍到它们泳姿的地方。岛屿东侧的海面已经印满了风的指纹，我忽然意识到在船艉还可以回答一个问题，那就是：站在气旋中心是一种什么体验？

※ 皇家企鹅的"蝶泳"

生活区 1 楼乒乓球台附近有一道门，由此下行可进入一条"地道"，这就是藏在右舷水面甲板下方的内走廊。有了它，不必在乎外面是否狂风大作或者巨浪滔天，便可以安安稳稳地走到船艉。一旦来到舱外，我的身体立刻告诉我，即便有一整座岛屿为你挡风，如果风愿意，它仍可以把你肺中的空气挤出去。

※ 皇家企鹅群

※ 皇家企鹅群（右三为1岁左右的亚成体）

不过企鹅没有让我失望。它们三五成群、兴致勃勃地浮出波涛耸动的水面，在距船舷几米远的地方打量着眼前的钢壳怪兽，不时悠缓而低沉地发出乌鸦式"啊、啊"的叫声，像是在交流参观感受。我用录音笔捕捉它们的喊话，却在话筒中灌满了 9 级风的嘶吼。

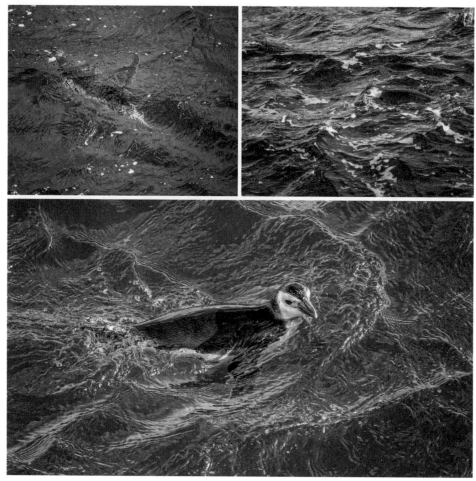

＊ 皇家企鹅

一只过于贪玩的皇家企鹅甚至来到船艉的正下方潜泳，透澈的海水如同泳池碧波，我清楚地看见企鹅挥动翅膀，后背像打磨得光滑发亮的黑卵石。皇家企鹅的黄眉在水面呈现出两种不同的形态，一种是被水打湿、紧贴着额角的悠长眉线，一种是向外支楞着的金黄通心粉。更为引人注目的是它们造型夸张的喙，犹如一截通红的柿子椒。

❋ 王企鹅

对船感兴趣的不只有皇家企鹅。只要是企鹅，就会在路过破冰船时，从水里抬起头来，好奇地向船身看上一眼。王企鹅、白眉企鹅（*Pygoscelis papua*）莫不如此，但它们在数量上远远少于皇家企鹅，并且经常单独泅渡。

企鹅去哪儿？在回答这个问题之前，先要了解麦夸里岛在海洋中的位置。实际上，麦夸里岛是约 1 500 公里长、跨越南纬 50~58 度的麦夸里海岭（Macquarie Ridge）上唯一露出水面的部分，并且恰好被北侧的亚南极锋与南侧的南极锋夹在中间。当极锋遇到海岭——促生了营养丰富的涡流，灯笼鱼科成了聚集而来的优势鱼种，其中就有王企鹅爱吃的 5~6 厘米长的安氏克灯鱼（*Krefftichthys anderssoni*）[※1]。一个深海食堂正向王企鹅敞开大门⑦。

1998 年 12 月 15 日至 1999 年 1 月 28 日，麦夸里岛沙湾的 24 只正值孵卵期的成

※1 安氏克灯鱼生长快、寿命短，成体长度大于 5.4 厘米，白天当王企鹅觅食时，安氏克灯鱼主要分布在 150 米深的中上水层。

年王企鹅背上了"小书包"（卫星定位装置），在与配偶交接班后只身前往大洋。所有被追踪的王企鹅都按顺时针方向移动，它们先向东游，在东经164度附近折向南，一直游到南纬58~59度附近，再调转方向，朝着西北返回麦夸里岛（南纬54度、东经158度）。

一般而言，海鸟孵卵期的觅食旅行较育雏期要长。科学家为填饱肚子回来接替禁食中的配偶的王企鹅做了称重和洗胃处理。出海觅食12~28天后，归来的王企鹅比出发时（9.3公斤）重了将近4公斤。通过鉴定胃内容物中收集到的鱼耳石和乌贼喙，证实半数以上的食物是安氏克灯鱼，其次是南洋力士钩鱿[⑧]、卡氏电灯鱼（*Electrona carlsbergi*）和鞭乌贼（*Mastigoteuthis sp.*）。为了吃到这些大洋深处的珍馐，所有被追踪的王企鹅总共完成了54 582次下潜，其中37%的下潜浅于10米，19%的潜水深度达到70~90米，最深可达170米，平均每天要下潜246次，下潜时长总计143小时，占出海总时长的37%。说它们是微缩版的海豹或者鲸豚，其实一点也不为过。

麦夸里岛没有平缓的陆架，离岛不到5公里，水深已超过1 000米，符合王企鹅的捕食深度，但它们仍然朝着远离岛屿的方向游了5个小时才开始寻找食物。王企鹅第一次下潜的地点距离麦夸里岛已有20公里之遥，并且一再推远觅食的边界。需要注意的是，受海底地形与锋面结构的影响，洋流遇到麦夸里海岭东部的坎贝尔高原（Campbell Plateau）后，会向南大幅转折然后回转向北，一如王企鹅的顺时针出海轨迹。

王企鹅正是跟随洋流的走向，先朝正东游去，游到坎贝尔高原的外围后再折向南，远离海岛500公里，觅食活动主要集中在游弋范围的北部和东部边界。另一方面，一旦踏上返回孵卵或育雏的路程，意味着又将迎来长达半个月的禁食期，王企鹅必须在海上做足能量储备，于是它们在上岸前的最后一小时仍在捕食（此时距岸边可能仍有数十公里）。

　　皇家企鹅与王企鹅的觅食区域有所重叠。科学家追踪过在沙湾繁殖的皇家企鹅，结合地理定位、海表温度数据和觅食旅行时长⑨，估算出皇家企鹅的觅食区是在麦夸里海岭东南侧，捕食的主要对象也为灯笼鱼。但两者繁殖时间"完美错位"，减少了对同类资源的竞争。当 12 月王企鹅还在孵卵时，皇家企鹅的雏鸟早已破壳，快要与周围的小伙伴一起步入"幼儿园"[※1] 了。

　　也就是说，我在 12 月 26 日拍摄的那只单独泅渡的王企鹅，可能正要去往遥远的坎贝尔高原，而同一天在船艉嬉戏的皇家企鹅小群体，已经放心地把孩子送进"幼儿园"，准备花上五六天时间到离岸不算太远的近海寻觅育儿餐。感谢企鹅们的好奇心，成全了与"雪龙"船的近距离邂逅，让我得以一窥它们在海上奋进的英姿。

　　但这不是船艉下方的水域第一次成为企鹅的泳池了。11 月底，"雪龙"破冰进入中山站外围海湾时，在船后留下一条宽阔水道。停止破冰后，碎冰渐渐覆盖水道，冰陆又恢复了宁静。机敏的帝企鹅发现了这条近路，消息不胫而走，船艉后方冰面上的帝企鹅越聚越多。它们或者站在一起打盹，或者排成了队列向着远方跋涉。也许，它们原本是要从普里兹湾最外围的冰陆上"岸"，长途跋涉到阿曼达湾（Amanda Bay）的海冰上，那里是世代相传的繁殖地[※2]。

　　该繁殖地首次被人类发现是在 1956 年 11 月 30 日，源于苏联针对南极海岸线的空中调查，当时估计有 5 000 只帝企鹅（包括成鸟和雏鸟）。第一次关于阿曼达湾帝

※1 企鹅育雏可分为两个阶段，破壳后是看护期（guard stage），亲鸟轮流留巢看护雏鸟。当雏鸟具备独立活动能力时，会和来自其他家庭的雏鸟在巢区聚集成若干群落，由几只成年企鹅看管，这一时期便被称为"幼儿园"（creche stage）。皇家企鹅的幼儿园阶段为每年 12 月 20 日至翌年 1 月 31 日。
※2 帝企鹅呈环南极分布。目前已知有超过 30 个繁殖地，纬度最高（南纬 77.4 度）的位于罗斯岛克罗齐角，纬度最低（南纬 64 度 32 分）的在南极半岛东南面的雪山岛（Snow Hill Island）。阿曼达湾（南纬 69.3 度）位于普里兹湾东南，距中山站所在的拉斯曼丘陵 30 公里。

企鹅繁殖种群的系统计数是在 1983 年 9 月，共数出 2 339 只雏鸟和 2 448 只成鸟。2008 年的冬季调查则显示该种群约为 6 443 只。

有关普里兹湾帝企鹅的早期调查中，大多数个体都分布在南纬 66~68 度的范围内，这里是较浅的陆架海域，水深通常不到 400 米（属于帝企鹅的潜水深度范围），拥有极高的鱼类生物量。而在距阿曼达湾 150 公里的海域内，南极银鱼储量丰富，因此该地的帝企鹅也乐得以南极银鱼为主食。

成年帝企鹅的觅食距离可达 50~300 公里，能从陆缘冰靠近陆地的一侧晃荡到遥远的海边。现在，"雪龙"将通往阿曼达湾的"高速公路"向前推进了 8 公里，还帮忙修建了一个"豪华泳池"[※1]。帝企鹅在船艉下方惬意地坐享其成。已是 12 月初，冰上出生的帝企鹅幼鸟或许都能下海了，家长们似乎更愿意享受片刻的闲暇，例如在冰池里组成一个花样游泳队，编排出菱形、三角形的方阵，时而向右游，时而向左游，测试相互间的默契程度，并在某个不可预料的瞬间，突然集体下潜，水面上只留有沸腾的水花。令人窒息的几秒钟后，它们在水道的另一头出水，欢快地摆动头尾。

一番嬉戏过后，花样游泳队里的成员开始表演大深度下潜[※2]。作为鸟类，帝企鹅在"起飞"前也有排泄的习惯。一只将头埋入水中的帝企鹅从尾部放出了一团白色烟雾，随后便鼓翼向下游去，将气泡轨迹甩在身后。另一只也如法炮制，释放烟雾、挥翅下潜，空留一串气泡云。如果你嫌这些气泡还不够过瘾，可以静待帝企鹅从水

※1 最先发现"泳池"的其实是一群虎鲸。就在"雪龙"中止破冰后的几分钟内，水手张伟在船艉拍到了虎鲸浮窥的一幕：五头虎鲸在水道一侧的冰层边缘不断地探头、喷气，错落起伏似紫薯成精。从视频中可以看到，几只阿德利企鹅恰好站在水道另一侧的冰面上，不知它们是否注意到了虎鲸的后脑勺。
※2 帝企鹅有两种不同的捕食策略：深潜时（大于 25 米，一般不会深于 200 米，曾有个体到达 564 米深度）捕捉鱼和乌贼，捕食海冰下面的磷虾时则只进行浅层潜水。

❋ 阿曼达湾帝企鹅繁殖地 吴雷钊 摄

❋ 帝企鹅"泳池"

❋ 帝企鹅出水

❋ 帝企鹅浮游

中升空，它们通常能在水下闭气6分钟。上浮时，为了获得足够的逃逸速度，帝企鹅在水下深处就开始加速，轻快拖曳出一道贯穿至水面的白色气柱。出水时它们的脚掌已经做好了着陆的准备，虽然最先接触冰面的往往是肚皮。

极昼期间的南极大陆边缘依然可用天色判断时间。入夜接近零点，陆缘冰上一定会洒满玫瑰紫。在这个玫瑰色的时刻，我匍匐贴近船舷的泳池，获得与在水中浮游的帝企鹅相平行的视角。帝企鹅显然也发现了我，它们在池中引项观察，伸展修长的脖颈，姿态美若天鹅。

扫描二维码
查看拓展阅读

第二章 雪

陆地上的事情

冰陆蜃景

❋ 雪地车驾驶室

雪地车"突突"地发动起来。我把油门踩下去一半，发动机转速指针慢慢滑向了 1 500。华仔让我用脚感维持住这个转速。指针在 1 500 上下跳了几次，我几乎快要踩不住僵硬的踏板。终于稳定后，华仔拨动一个操作杆，锁定发动机转速，脚就可以离开踏板了。此时车还原地未动。

雪地车的方向盘类似 F1 赛车手柄。华仔在驾驶室里现场教学，让我用右手拇指指肚轻轻搓动手柄上的一个旋钮。"慢点转。"他说。旋钮向上转了几格后，雪地

❋ 雪地车

※ 雪地车后拖挂的雪橇

车走了起来，以每小时 10 公里左右的速度。我坐在主驾驶的位置，侧窗外不时飞溅雪泥，那是履带搅起来的"扬尘"。进驾驶室前，我们要先爬上履带，才能够到车门。履带看上去又硬又扎，触感却是柔韧的。

我不时瞅下两侧的后视镜，跟在后面的雪地车始终是镜中一个黑色的小方块。即使当我们这辆车停在半路，华仔坐回主驾驶位置的时候，后车也没有近到占据半个镜面。没有车辆从旁超过，对面也没有来车，一切看起来慢悠悠的，却是在与海冰的融化速度赛跑——车队正争分夺秒地运送中山站未来一年的补给，每台车后拖挂两支雪橇，橇上装着以吨为单位的货物。

南极夏季午夜，天际现出一片曙光。视线上方是蓝得一无所有的天空，前方是履带轧出的瓷白色凹凸车辙，大概已经有三辆雪地车并排那么宽。华仔让我沿着车辙外侧行进，也就是尽量不走已有的"车道"。这出于两点考虑：一方面，极昼日间最高气温可达 2 ℃，反复碾压的雪层出现融水，可能让雪橇陷进"烂泥塘"；另

❋ 打冰钻

一方面，海冰表面的雪粉被履带刮掉后，有时会露出一层蓝冰，容易造成雪地车打滑，雪橇也许会甩脱或从后面撞上驾驶室。

冰路得到信任的前提是，人们计算出了冰层厚度与车辆载重之间的关系：当冰厚达 1 米时，可以承载的雪地车及其载货重量达到了 40 吨。

我们此刻所在的普里兹湾冰层厚度超过了 1.5 米。这个数字是探冰队实地测量得到的，他们骑着雪地摩托，从中山站一路探到"雪龙"船的卧冰地点，沿途用汽油钻在冰上打孔。1.5 米长的钻头打下去，穿不透冰层。如果冰厚符合载重要求，他们就插下一面彩旗，代表"路肩"。彩旗遥遥相连，有如盏盏路灯，在冰上行走，有旗子的地方就是安全的。

海冰卸货全面铺开后，车队像履带一样转动起来，船站之间单程要花费近 4 小时。这大概是世界上车速最慢的一群"快递小哥"。车辆可以 24 小时运转，但司机数量有限，难以保证充足的睡眠。为防止驾驶员打瞌睡，每一辆雪地车上都安排了一名副驾驶，负责与司机聊天解乏。

我先前就坐在副驾驶座上，眼睁睁地看着雪地车偏离了车辙，向着左侧划弧。"华仔、华仔。是不是看到美女了？"对讲机里传来后车的喊话声。华仔头歪着，警醒过来，校正方向，又回到了正轨。南极白夜里，冰雪路面单调而颠簸，乏味得让人走神。车又向前开了一会儿后，我和华仔换了位置，打算替他驾驶半程。

初次驾驶雪地车的兴奋抵御着午夜困倦，何况道路并不平坦，时常有小型陡坡令我这个新手司机保持紧张与专注。白雪抹去了落差，车辆时不时地从一条雪垄俯冲而下，随即毫无过渡地攀上一个台地，车头如磕头虫一般上下打颤。华仔在副驾驶座上"摇头晃脑"，我很担心他会被剧烈的颠簸摇醒，随时化身一个严厉的驾校教练。

驶离"雪龙"船不久，我们在路上遇到了几条冰裂缝，其中一条裂缝的周边可见棕色污迹，描述了威德尔海豹上岸爬行的经过。令人心生恐惧的冰裂缝却是威德尔海豹的"生命线"和"任意门"，它们由此"登陆"，在南极大陆沿岸产仔、哺乳、换毛乃至躲避水中的捕食者。

※ 冰裂缝（右侧）旁的海豹拖痕

司机停车评估裂缝宽度和冰厚，确认并无大碍即可直接驶过。华仔三次到过南极内陆昆仑站，见识过冰高原的他，会不会觉得陆缘冰过于稀松平常？不过，中山站前的搁浅冰山可不一样。它是雄伟的地标性"建筑"，有着如同岩溶地貌一般的断崖，顶部遭受风蚀呈棋盘状开裂，似高低错落的蓝色雉堞。

冰山周围孕育了众多裂缝，最宽的一道环绕在山脚，是不可跨越的壕沟。我问华仔，中山站周围有海豹吗？他肯定地说，有，并且很多。

于是在驶过了地标冰山后，华仔放我下车。眼前是一片冰雕艺术节般的蓝色冰岗，我可以从这里步行回到中山站。雪地车的车辙在前方转向，直插冰塔林的舞池。与冰面接壤的褐色山丘在几步之外，那就是拉斯曼丘陵①。我即将第二次踏上南极陆地※1，以独自一人的方式，走入这场迟来的接纳仪式。

海豹出没的冰面预示着海豹洞和冰缝，但它们显然更愿意利用现成的冰缝作出入口，而不是用牙从冰下生生撕开一个洞口。威德尔海豹的犬齿和门齿如同"冰锯"，能将冰碴从冰洞边缘刨掉，保持呼吸洞口的通畅，不过它们也常因牙齿过度损耗而大幅缩减寿命。中山站越冬队员吴雷钊就拍摄到了雌海豹修整洞口的过程，只见这位母亲把嘴张成一个钝角，用上颚的牙充当冰镐，奋力刮擦冰洞边缘，竟然开凿出了几级台阶。随后她沉入水中，把幼崽顶出水面，小海豹张开鳍状肢扒住冰的阶梯，费力地向上扭动。

顾不上忖度其中的危险，我已离开安全的车辙，走近山丘边缘的冰缝，那里横卧着数头威德尔海豹。沐浴阳光的海兽们投下淡蓝色的影子，脸上斑驳的毛皮像快要脱落的面具。明亮的冰面是海豹身下柔软的"沙滩"，黑色的冰缝犹如河道，躺

※1 再早几天，我曾随先遣队乘直升机先行抵达中山站，向越冬队发放慰问品。

※ 中山站前的搁浅冰山

※ 冰塔、车辙与彩旗

※ 中山站前陆缘冰上的威德尔海豹群

※ 钻入冰缝的威德尔海豹

在近旁的海豹一个翻身便消失进幽暗中。我担心脚下的冰面随时会开裂，不敢轻易靠近这群温和的胖子。不过，前方的一个场景和一种叫声向我发出了不可抗拒的邀请，那是一对哺乳中的海豹母子。

在冰上观看海豹的最佳姿势只有一种，就是像它们一样躺平。威德尔海豹的乳头在下腹部，因此当我爬向海豹母亲的鳍脚一侧时，反而可以清楚地看到小海豹喝奶[1]。在我迂回的过程中，雌海豹不放心地几次扭过头来察看动静，只有小海豹依然专注于眼前的美味，交替着吸食两个乳头，还不停地发出响亮的"哼"声，像头饥饿但壮实的小牛犊。母亲则在孩子吃奶时将鳍脚一张一合，我把这一身体语言解读为：享受[2]。

※1 雌海豹分泌乳汁会消耗体内大量的能量储备。西福尔丘陵的研究（Lake et al., 2008）表明，当觅食环境不佳时，威德尔海豹倾向于终止妊娠，从而保存能量，待来年再次繁殖。

※ 威德尔海豹幼崽吃奶

　　在这绝无仅有的时刻——和两个体重加在一起超过 600 公斤 [1] 的"胖子"同
"冰"共枕——我发现身下的冰面在渗水。海豹母子粗重的呼吸声打湿了极地的温柔。
而在远处的冰面上，有些雄海豹的下肢皮肉开绽、布满血痕，很可能是它们在争夺
配偶时互相撕咬留下的创伤。

　　不止是撕咬，声音也是武器。雄性威德尔海豹能发出高达 193 分贝的响亮颤音
（trill），以此宣示和捍卫领地。但如果你以为威德尔海豹只会高声恐吓就错了。早

〰〰〰〰〰〰〰〰〰

※1 成年威德尔海豹体重 400~500 公斤，刚出生的小海豹重 22~29 公斤。看体型，我拍到的这只小海豹恐怕已经超过 100 公
斤了。

在 1825 年，英国捕鲸船船长詹姆斯·威德尔（James Weddell，1787—1834）[3] 就曾将他听到的"美人鱼"（mermaid）叫声描述为"音乐般的声音"，这被认为是有关威德尔海豹叫声的最早记录。作为海豹界的歌唱家，威德尔海豹掌握了 34 种叫声类型（call types），一首歌可持续一分多钟（70 秒），是所有海洋哺乳动物中最长的单曲。并且来自不同繁殖地的种群还发展出了"方言"，有报道称相隔 20 公里的两群威德尔海豹的曲库中只有一小部分是相同的，可谓"隔一个山头就听不懂对方的话了"。

后来在中山站红色的宿舍楼里，我找到了越冬队员妙星。他一年前随船来到站里，送走极昼，度过极夜，现在迎来了第二次极昼。我在船上便已听说他的研究对象包括海豹和鸟类。妙星在房间里为我们播放了一段奇妙视频，是一台固定在铁架上的运动相机（Gopro）拍摄的水下画面。铁架顺着一条冰裂缝下放到海中，画面中一片幽蓝，忽然从画外传来一记哨音。这冰冷的音色仿佛来自外太空。许久，哨音再次响起，一只好奇的威德尔海豹闯入视野，在水中舒展着流线型身材，始终不曾靠近铁架。它在画面中只闪现过两次，却在画外不断变幻着音阶，发出长短不一的变频声，听上去犹如水下传来了阵阵鸟鸣。华丽流转的口哨或许是海豹对铁架和相机作出的一段描述。

一旦来到水下，威德尔海豹就变成有心跳的"潜艇"，只不过这心跳非常缓慢，每分钟仅跳动 16 次，代谢率下降到静息时的 20% 左右。但其血液和肌肉的携氧能力是人类的 3~5 倍，足以应付大深度下潜和长时间憋气。威德尔海豹每天潜水捕食多达 40 次，潜水深度通常为 100~350 米（最深可到 741 米处）[1]，时长一般不超过 25

※1 有研究（Pltz et al., 2001）显示，威德尔海豹主要在两个水层觅食，分别是海水表面至 160 米深，以及靠近底部的 340~450 米深处。

分钟。而在水平距离方面，它们从呼吸洞口下潜后能一口气潜到 5 公里外，并准确无误地返回同一个洞口出水换气。

威德尔海豹的捕食对象既有 1.65 米长、77 公斤重的南极鳕（*Dissotichus mawsoni*），也有二十几厘米长的博氏南冰鰧（*Pagothenia borchgrevinki*）以及更小的南极银鱼。有科学家为威德尔海豹装上了头戴式摄像机，借此获得海豹的视角，观察在陆缘冰下"作为一只海豹是如何捕猎的"。在一段水下视频中，一只体重 462 公斤的雌性威德尔海豹展现了追逐南极鳕的过程。海豹先是以平均每秒 1.3 米的速度下潜到 53 米深处，此时南极鳕出现在 23 米开外，海豹瞬间提速到每秒 2 米，上浮到 33 米深时又再次向下游。潜入水下 5 分 39 秒后，距离目标 28 米时，海豹加速转弯、下降到 73 米深处，从下方向南极鳕发起了攻击。另一段视频则显示，威德尔海豹上浮到离冰面几厘米的地方，那里有两条博氏南冰鰧藏在冰缝中，于是海豹从鼻孔里喷出气泡，试图将鱼赶出，随即一头扎进冰里。当它第三次把头扎进板冰（platelet ice）[1]时，似乎终于有了收获，做出左右摆头的动作，可能是咬到了猎物。这一观察结果回答了为何在威德尔海豹的肚子里发现过许多博氏南冰鰧被咬断的鱼尾。

躺在冰面上看着大腹便便的威德尔海豹，想象它在捕鱼时的矫健身姿，难免会觉得自己就是那条逃不掉的鱼。是时候告别陆缘冰上的海豹母子了。等到真正脚踏陆地的那一刻，所有关于冰裂缝的担心瞬间消失。

我在中山站逗留了两个小时，便再次踏上 44 公里的长途运输线，跟车返回"雪龙"船。这一次，驾驶室里不再是华仔。刚刚认识的这位司机带上来一打罐装啤酒，

---

[1] 板冰积聚在海冰底部，在冰水界面处继续冻结，厚度可超过 1 米。

✳ 返程

✳ "雪龙"蜃影（远景正中）

伴着午夜的紫色云霞，我坐在副驾驶座上啜饮了一口凉啤，看前车搅起的雪尘落在比来时更宽的车辙道上。凌晨两点，车队行驶到距"雪龙"10公里处，对讲机里传来惊呼。我以为谁的车又跑偏了。原来是有人提醒前方出现异象："雪龙"与冰山各自浮现一截"蜃影"，如同冰面映出的倒影，又如一白一红两枚冰壶，飘在半空，像在梦中④。

扫描二维码
查看拓展阅读

戈壁荒滩

不论对我，还是对极地生物，陆地上的每一分钟都是宝贵的。这片被南大洋隔绝了的高纬度大陆，留给生命的只有两种颜色：土褐和白。白的是冰与雪，土褐是岩与砂。

我们可以拉出一张简略的中山站周边生物年度繁殖周期表：10月至12月，威德尔海豹幼崽降生在冰面；4月至12月，帝企鹅在阿曼达湾哺育下一代；10月至次年2月，阿德利企鹅在道尔柯湾产卵、孵化、育雏；10月至11月，灰贼鸥在砂石堆里产下1~2枚卵，小贼鸥一个月后破壳，再用一个半月丰满羽毛，6年后才能性成熟；11月，黄蹼洋海燕在岩隙石缝中诞下一枚白色有斑点的卵，用一到两个月时间孵化，幼鸟再用46~97天换羽至出飞；9月至10月，雪鹱抵达站区周边山地，一个月后产下一枚白色光滑的卵，从中诞生新一代雪鹱。

除了帝企鹅，其他生物与陆地（如果陆缘冰也算作在内的话）的交情一般不超过4个月，那正是极昼统治南极的季节。一年中的其余时间，出生于极地的物种过着蓝色的漂泊旅程，在天空与海洋中求生。

被冰雪环伺的拉斯曼丘陵看起来寸草不生，中山站是散落于这片秃山上的小小火柴盒，站区地面上粗粝的砂土有着干燥的陆地属性。我走进红色或绿色的房子，现代化

※ 中山站内景

※ 雪鹱 "眺望" 中山站站区

的室内装潢让颜色在空间里流淌，楼梯橙红、地板浅黄、台球桌面墨绿、篮球馆壁板暖褐。餐厅里的玻璃窗变成了风景画框，将搁浅冰山、圆丘状冰盖与冰塔林装裱成一幅超现实画，画布泛出幽蓝的侧逆光。

　　如果你在极昼期间到访中山站，漫步于站区附近的丘陵地带，就能看到翩翩飞翔的白鸟——雪鹱。向我介绍过威德尔海豹叫声的妙星透露说，雪鹱就在中山站西侧的山坡上繁殖，留意那些石缝，或许就可以找到鸟巢。宿舍楼内的对讲机在喊我的名字，通知我随夜晚出发的车队回船。自由活动的时间不多了，我拉起黑色面罩，戴好墨镜和毛线帽，顶着刺眼的傍晚阳光开始登山。

位于站区内的山丘按照由北至南的顺序被命名为：西岭、鬼见愁、西南高地。它们的海拔最高点不过 50 多米，平坦的山顶很容易抵达，有一条被重型卡车碾压出的土路通向顶端。站在高处得到的奖励包括中山站站区全景、内拉峡湾（Nella Fjord）近景和俄罗斯进步站远景。在地图上，内拉峡湾是一把插入牛头半岛、协和半岛之间的白刃。眼下，山坡朝向内拉峡湾的一侧仍存有残冰，峡湾自身也还是一整块白冰，仅在边缘起皱，撑开黑色的裂纹。

不过，南极初夏的脚步早已踏破山上的覆雪，为拉斯曼丘陵脱下了冬装，裸露出黄褐色的岩石肌理。按照地质学家的时间观念，中山站 10 亿年的岩石年龄仍算年轻。眼前沉默的巨石以片麻岩为主，石头上的红黑颗粒是石榴石、铁矿石。比起生疏的地质名词，石头上的空洞更易被初来乍到者理解。每当有一粒小石子出现在

※ 内拉峡湾

＊ 风蚀景观

某个孔洞中，它在风的鼓动下便可能转动起来，像一粒滚珠那样打磨洞穴，直至将自己揉成更细碎、圆润的砂屑。

　　南极大陆仅有百分之一的岩层出露，剩下的百分之九十九都埋藏在几十公里厚的冰盖下方，有些岩层在冰盖的重压下已经低于海平面。在俄罗斯进步站那边，沿着一条通向冰盖的路，可以抵达内陆出发基地——我因采访在那里待了一整天，感受到一种绝对性的白。如果白也有饱和度，冰盖大概已经是百分之百饱和的白。出发基地虽然尚处在冰盖边缘，但已展现出与陆缘冰截然不同的气质：前者是积雪的大地，后者是季节的冰场。

　　站在冰盖海拔一百多米处，眺望拉斯曼丘陵，出露的陆地被冰雪隔开，散作白色汪洋里的黝黑岛屿。大陆的末梢成为人类登陆冰盖的起点，从此处向南，是毋庸置疑的生命禁区。据说有人在极点附近见过灰贼鸥，但此外再无其他生物存在的迹象。

还是回到生命诞生的地方。中山站西侧的山坡上，有黑色的影子在持续至深夜的夕照中翻飞，成功把我吸引至一处冰瀑布旁。这是我在海上远远地瞥见过的黄蹼洋海燕：一种与燕子毫无瓜葛的管鼻目海鸟。这只黑色的"燕子"来来回回地绕着冰凌穿梭，高速飞行的轨迹在空中写下重复的信息，但此时我还未能读懂这种透明的文字。凝视之下，"转山"的黄蹼洋海燕不止一只，它们正盘桓于冰雪的尽头与海洋的开端。

　　沙地上细小的碎骨引起了我的注意。脚步带起的风扰动了石穴旁白色的轻柔绒羽，另有数枚乌褐坚挺的阿德利企鹅尾羽混杂其中。企鹅尾羽大概是从换羽处被风

※ 黄蹼洋海燕飞过冰瀑布

刮到山上的，绒羽和细骨让我怀疑是贼鸥在这里捕食了其他鸟类的雏鸟。终于，我找到一处被鸟粪染白的洞口，但洞内空无一物。寻找雪鹱巢穴的计划以失败告终。离开山坡脚下平缓的沙地，隐隐能听到一种低沉似犬吠的叫声，不知这声音从哪里传来，以至于被我迅速地归为幻觉。

两天后，我重返中山站，西南高地终于吐露了它的秘密。这一次抵达站区时已是傍晚，再出发寻找雪鹱则过了晚上 10 点。鸟类学教授张正旺告诉我，雪鹱要到午夜才回到站区，也就是说我上一次找寻失败，是因为停留得还不够久。

然而这天我见到的第一只雪鹱是一具石缝中的尸体：羽毛凌乱的白翅沾满了砂粒，喙却如生前一样乌黑漆亮，称得上是件精致的"工艺品"。这具趋于风干的成鸟尸骸的"栖所"，提供了意料之外的巢穴式样：岩石上看不到鸟粪，洞穴狭窄而深邃。

❋ 雪鹱

雪鹱巢的外观被重新定义后，接下来的发现只是时间问题。我攀上更陡峭一些的岩壁，探视那些外形锋利的孔洞，挨个打开丘陵的"宝盒"。在其中一个石头"盒子"里，圆墩墩的"白鸽"蹲在十几厘米宽的缝隙后面，睁着一双黑豆子似的圆眼珠，身体随着呼吸在微微颤动。

当然这就是雪鹱，但石缝里的雪鹱与在冰川间穿梭游弋的雪鹱似乎是两种生物，前者端庄温柔，后者坚韧迅猛。

再一次，我听到了声如犬吠的鸟鸣。但不是雪鹱发出的，很难确定声源的位置，感觉就在脚下，令人疑惑也许是黄色的砂石在"说话"。我将录音带回中山站，妙星听了之后马上回答说是威尔逊风暴海燕[※1]。原来，黄蹼洋海燕的巢洞比雪鹱的更窄更深，即使发现了洞口，也很难看到洞内的情况。一旦有人靠近，正在趴窝的黄蹼洋海燕就会发出粗哑的警告声，像有小狗在地下吠叫。

数小时的游历除了拍摄雪鹱的近照，采集黄蹼洋海燕的叫声，我在山坡融冰附近的湿润处还看到另一类生命迹象，那是此地最高等的植物——苔藓①。它们大多颜色墨黑，附着于岩石或地表，乍看上去像一小摊软泥。在这次小型探险的尾声，一只黄蹼洋海燕终于结束了空中圈地运动，降落在山岭间，我意识到那里有它的巢穴，但那双金色的脚蹼始终未再向前迈进一步。

五天后，我得到了最后一次去中山站的机会。卸货期间，张正旺教授被安排在站区帮厨，每天的最后一项工作是刷盘子。白天鸟类大多离巢觅食，他和妙星正好利用晚饭后的时间去统计西南高地的繁殖巢数。妙星在去年的极昼期也做过站区鸟类调查，今年的观察显示，去年的旧巢仍会被再次利用。

"午夜时雪鹱会回来。"看到山头被映成金色，我才明白这句话意味着什么。因为雪鹱正在凌晨的夕阳下飞临悬崖峭壁，它们在空中相互追逐，有时还发出尖锐的鸣叫。现在能够解释这些飞行的轨迹了，就像之前发现的黄蹼洋海燕那样，看似杂乱无章的曲线其实有着明确的目的。作为一夫一妻制的候鸟，雪鹱有着极强的领地意识，每年准时返归繁殖地，反复使用同一处巢址②。为避免"老屋"被其他同类捷足先登，它们使出咄咄逼人的特技飞行，宣示对领地寸土不让。研究者推测，在争夺巢址时，体型大的鸟显然占有身体优势，因此大个头的雄鸟更受雌性青睐。

※1 即黄蹼洋海燕英文名 Wilson's Storm Petrel 的字面义。

＊ 雪鹱空中追逐

这一方面促进了雪鹱形成显著的性二型（sexual dimorphism），即雄性体型比雌性平均大 10%，同时也在两个亚种间产生分化，使得大雪鹱（*Pagodroma nivea confusa*）的两性体型差异比小雪鹱（*Pagodroma nivea nivea*）更大[※1]。

即便有着对巢址的激烈竞争，雪鹱的飞行轨迹也远不如黄蹼洋海燕那样飘忽诡异。对于不关心分类的人，大可将雪鹱当作站区上空的白鸽——祥和而悠然地在天上绕着优雅的圆圈。

随着看到的巢穴样本数量增多，对洞巢的刻板印象也在改变。在不缺石头的拉

※1 雪鹱的叫声频率与体重相关，其显著的性二型意味着可通过叫声识别性别及亚种。在南极大陆繁殖的仅为小雪鹱，参见本书第 23 页圈注 ⑯。

斯曼丘陵，适合作为产房的天然石穴依然很紧俏，使得一些雪鹱只能退而求其次（或者说另辟蹊径）。西南高地有一处架设了高空物理天线的土台，附近堆砌了很多平整场地后留下的碎石。在石块交错而成的三角形空间中，竟也有雪鹱在趴窝。这处人工环境简陋寒酸，好比仅用三块砖头盖了一间四面透风的婚房。

近距离观看雪鹱，它们全身并非只有黑白二色。为了查看趴卧在巢中的雪鹱身下是否有蛋，调查人员有时会轻轻推搡亲鸟。敏感易怒的个体立即冲我们"咆哮"，嗓音干涩刺耳，让人恍如身处嚎叫俱乐部。但这时你能看到它粉嫩的嘴角与上腭。此外，雪鹱的脚蹼不是远观时那般纯粹的黑，而是呈现雅致的青灰色调。从某个角度望去，雪鹱的睫毛弯曲上翘，像被睫毛夹刚刚夹过。总之，雪鹱的身体局部禁得住细致打量，堪称完美。

有些雪鹱的胸前或翅膀上缀有明黄色的斑点。这便是雪鹱吐出的胃内容物（胃

＊ 石缝中的雪鹱

油）残渍了。磷虾、鱼、软体动物，乃至陆上其他动物的腐肉，都可以被雪鹱食用。美味被消化成了"子弹"，当有捕食者靠近巢穴时，雪鹱可向外喷吐胃油以示警告。

※ 雪鹱的粉色嘴角

※ 雪鹱睫毛

※ 雪鹱的青色脚蹼

雪鹱在巢区告警

※ 雪鹱脸部和腹部的胃油残渍

所幸查巢时没有遇到向我们喷射"子弹"的个体，据说那将成为衣服上永久的勋章[1]。

每找到一个雪鹱巢，张正旺便用记号笔在石头上写下编号。随后他会往巢中放一粒纽扣测温计，用于记录雪鹱在孵卵期间的巢内温度[2]。这粒纽扣的妙处在于，只需在繁殖初期放入及后期取出时各查一次巢，大大减少了对鸟类的干扰。因为一旦雪鹱停止孵化，巢内温度就会变得与环境温度一致，从纽扣中读取的温度曲线也产生相应变化，就可知晓雪鹱的孵化起止时间。

雪鹱的巢材只有一些绒羽，零散地铺垫在砂石上。从我这个旁观者的角度看，蓬松而微不足道的羽毛，却能"软化"周遭坚硬的岩壁。每年 9~11 月，雪鹱集群飞往繁殖地，寻找靠近海岸的峭壁，在岩石缝隙中筑巢，有时也会深入到海拔 2 400 多米、离岸 300 多公里的南极内陆繁殖。仅在中山站站区附近的山地，张教授和队友

※1 妙星只用了四个字形容胃油的味道：腥臭作呕。
※2 中山站雪鹱孵卵温度在 30 ℃以上（张正旺，私人通信）。

们就用三个月时间找到了 470 个雪鹱巢。雪鹱每窝产 1 枚白色卵，双亲轮流孵卵，孵化期需 40~50 天。雏鸟破壳后，雪鹱双亲轮流外出觅食，归来后饲喂并看护雏鸟，育雏期同样为 40~50 天。

极昼期间，雪鹱通常在 22 点以后活动频繁。22 点到凌晨 1 点，是雪鹱从海上觅食归来、准备换班孵卵或者喂食雏鸟的时间段。在南极大陆繁殖的雪鹱和黄蹼洋海燕无法像在亚南极岛屿上那样利用夜色作掩护，极昼让它们失去了躲避捕食者的一个必要条件。我猜雪鹱之所以仍在午夜时分归巢，原因之一是那是一天中温度最低的时刻，也是卵或雏鸟最需要保暖的时候（假如巢中已无另一只亲鸟）。雪鹱通常外出觅食一两天后才回来一次，如果成鸟发生意外，雏鸟常因得不到足够食物而死亡。统计数据显示，尽管中山站的雪鹱孵化成功率达到了 90% 以上，但雏鸟成活率不到 40%。

我在 12 月初短暂上站，雪鹱的雏鸟们尚未破壳。在标记雪鹱巢时，我们也试图发现黄蹼洋海燕的巢穴，但其巢址数量远少于雪鹱。仅有的几个传出黄蹼洋海燕叫声的洞口，更像是地道的入口，内部幽深曲折，即使用电筒照射，也没有展露更多细节。

※ 黄蹼洋海燕成鸟干尸

孕育新生命的繁殖地本应生机勃勃，但照样逃不开死亡的注视。寒冷干燥的南极大陆缺少分解者，尸体如若未被贼鸥、巨鹱等食腐者发现，大多会以风干标本的形态保存下来。有一具干尸是刚出壳没多久的黄蹼洋海燕幼鸟，跗跖蜷缩、喙部微启，像一枚遗失的钥匙，毫无重量地躺在巢洞砂粒中，一

※ 黄蹼洋海燕成鸟干尸与正在趴窝的雪鹱　　　　　　※ 黄蹼洋海燕干尸与未孵化的卵

阵风就可以将它卷走；还有一只陈尸洞口的黄蹼洋海燕成鸟，僵硬的金色脚蹼尚未褪色，羽毛凌乱但是丰满。张正旺推测它们皆死于上一个极昼期，有可能是被一场突如其来的暴风雪封在了洞内。待漫长的极夜过后，极昼再次来临、冰雪消融，尸体这才重见天日。

　　也许是洞巢资源太紧张了，生与死没有界线可言。黄蹼洋海燕成鸟的尸骸可以紧挨着正在趴窝的雪鹱，仿佛被扫地出门的租客。另一处巢址里，黄蹼洋海燕停止了发育的卵与成鸟的尸体并置一处，残酷地还原了一幕孵化场景。我感到奇怪的是，繁殖中的黄蹼洋海燕都如打洞专家，藏在 20~50 厘米深的洞窟，可这些尸体却被某种力量摆放到洞口。也许那不过意味着，它们曾做出最后的努力，试图逃脱密闭空间。

　　雪鹱和黄蹼洋海燕要么在海上觅食，要么回来孵卵，或许只有卧在蛋上的时候才能小睡一会儿。坐在山顶，变冷的空气与渐趋柔和的光线是钟表上的时针和分针，指示着午夜将至。现在，到了我们的就寝时段了。回到中山站宿舍楼前，我发现一只灰贼鸥站在红塑料桶上，鬼鬼祟祟地向内探视。有人说桶里装着队员们冰钓上来的南极鱼。为了证实这个说法，我打扰了贼鸥的晚餐，径直走到桶边。红桶中确实

是一团黑色的海鱼③。我想拍些贼鸥从桶中叼鱼的镜头，可它十分克制地躲在建筑物高处，等待我识趣地退场。

一位几天后将随车队前往内陆昆仑站的冰川专家，在一次远足时无意中发现了正在孵卵的灰贼鸥，并拍下了贼鸥高声抗议的视频。他向我描述了巢区的大概位置：先爬上俄罗斯大坡，走到面向海冰的山峰，然后下降几十米，在一处凹地里，就能找到贼鸥的产卵地。

我开始了按图索骥之旅。俄罗斯大坡位于进步站站区南侧，是一条通向内陆冰盖的土路，由平地陡然攀升至近 60 米高的山顶。当有两辆履带车准备爬坡时，后车必须等前车抵达最高点，确认不会溜车后才能开始上坡。

俄罗斯大坡所在的山崖在地图上被标注为兴安岭，它被两个海湾包夹，西侧是内拉峡湾，东侧是达尔柯布科塔海湾（Dalkoybukta Cove）。冰川专家的描述中没有

锁定究竟是哪一侧的面海山坡。如何在一堆褐色的岩石中找到一只趴在地上的灰贼鸥？这是检验其伪装色效果的时候了。与雪鹱和黄蹼洋海燕不同，贼鸥的产房不需要房顶，也没有巢材作床，就裸露在遍布砾石的沙土地上，它们用身体为卵或者雏鸟挡风保温。毕竟，在南极大陆，除了自己的同类，贼鸥雏鸟几乎没有天敌，不用躲在洞穴的保险箱里，而它的父母正为了后代大开杀戒。

我来到东侧的制高点，这里被一杆十字架占领。它像一个悬浮在半空的路标，指引人们向上攀登。金属十字架上的绿漆、焊接痕迹和东正教式样的铁棍附属物，散发出浓郁的五金店气息，却与南极荒野的气质极为般配。它单纯、粗糙、生硬、刚猛，与其说是死亡的象征，不如说是一面铁的旗帜，为生者增添勇气。

有人用石块为十字架垒了一个锥形底座，一只贼鸥正蹲卧在十字架旁，白色的鸟粪标记出一圈领地。这处无名墓地面朝广阔冰原，凝视着被冰盖侵吞的大陆。贼鸥昂着冷色调的头颈，似乎看透了生死，睥睨着散布在海冰上的座座冰山，将整个普里兹湾纳入守墓者的庄园。

这只贼鸥没有如敏感的繁殖者那样，对我大呼小叫。它用左眼端详我，评估威胁程度。我离它又近了一点，贼鸥一飞冲天，趴卧之处没有留下灰绿色带斑点的卵。岩石上可见不少鸟类碎骨，这里大概是贼鸥的餐桌。

离开十字架下的晚餐台，我转向内拉峡湾一侧。沿途的峭壁上可以找到不少雪鹱巢，贼鸥却不见影子。

我怀疑半山腰的土坑中有被施了隐身术的贼鸥卵，便又下降至低处搜寻，仍然一无所获。反倒是发现了另一片墓地。这是三座并排而卧的墓床，天蓝色的铁艺护栏围绕着棺椁，白色木制十字架上挂有画框，画中是死者的半身像，但已被阳光晒褪了颜色，空白处的褶皱如同升起的几缕灵魂。黑色墓碑置于棺椁前，碑上椭圆形

❋ 俄罗斯南极考察队员墓地

的彩色肖像照下刻着姓名和生卒年，下方绘有一支铁锚。这三人也许是俄罗斯破冰船上的船员吧。他们长眠于此，面朝东方。可惜这片被命名为兴安岭的山地是彻头彻尾的戈壁，棺椁上长不出青苔和荒草，也没有大树为它们遮阴。但极光、飞鸟与风雪让这块墓地上方的天空不会太过寂寞。

　　在中山站的最后一晚，我拉上了室友席颖再次到访兴安岭。山岭东侧边缘的海冰已经开裂，融出了一池黑潭，人们称这里为海豹湾。几只威德尔海豹在水中嬉戏，时不时扭作一团。更远处的陆缘冰上，仍有不少海豹在抓紧更换身上的保温层——皮毛。南极短暂的夏季里，留给威德尔海豹繁殖和换毛的时间只有 7 周。换毛时的海豹身上呈现两种"肤色"，乌黑油亮的是新长出的"皮衣"，棕褐色的则是已经用了一年乃至有所破损的旧毛。

更换皮毛时，海豹的毛囊和毛发纤维处于大量生长合成阶段，使得血液供应增加，这会加速体表的热量散失。因此海豹在换毛早期要付出较高的体温调节成本，消耗脂肪储备以维持身体核心温度。事实上，威德尔海豹脱毛的皮肤斑块温度平均为 8.5 ℃（体表温度则稳定在 11.2 ℃），远低于表皮有丝分裂的最佳温度（35 ℃）。不过极昼连续不断的阳光和南极夏季丰盛的食物资源似乎帮了威德尔海豹的忙，允

❉ 威德尔海豹"打太极"

❉ 海豹湾

❉ 威德尔海豹

❋ 灰贼鸥洗澡

许它们在温度很低的环境中以极短的时间替换掉所有受损的皮毛，并最大限度地减少能量消耗。

　　海豹平躺的海冰对面有两座小岛，像两个静默而忠实的观众，暗自计算着永昼与极夜的轮回。我想到一些此刻无法见证的景象：在西南高地，身披青灰绒羽的雪鹱雏鸟，睁着和父母一样黑溜溜的圆眼珠，短短的喙黑得像一小块铁；黄蹼洋海燕雌鸟诞下一枚相当于自身体重四分之一的卵，破壳而出的雏鸟日渐长成一个乌灰的煤球；至于贼鸥，完成了繁殖任务的个体偷得半日闲暇，聚在进步站前的团结湖中洗澡，用翅膀拍打出水花，制造短暂的淋浴效果，让羽毛沾水，随后头颈低垂、高速一拧，抖掉的水珠甩起一圈光晕，闪烁在冰雪消融的湖面。

扫描二维码
查看拓展阅读

漂砾乐园

大约一个小时前，我独自从北面的高地下来，朝着企鹅巢区进发。一路都在铺满岛屿表面的巨石间挪步，那情景就如同脚踩没完没了的梅花桩，或者永无休止的跳房子游戏。

距离登陆东南极已经过去一个月了。现在的登陆点是西南极，罗斯海特拉诺瓦湾上的一个著名小岛：难言岛（Inexpressible Island）。一百多年前，斯科特北方支队的6位幸存者曾在难言岛上挖掘雪洞（igloo）越冬，他们靠吃海豹肉挨过了7个月。经历了地狱般的日子，医生利维克有理由为西方谚语添上自己的注解："通往地狱的道路也许是以善意铺成，但地狱本身恐怕是按难言岛的样式铺就。"①

难言岛的"样式"是什么？除了巨大的滚石，还有严寒、暴雪和下降风。曾与利维克、坎贝尔一起挖雪洞的地质学家普利斯特雷描写过风与石头的"合谋"："每次风一稍停，我就朝风摔倒；而每阵大风吹来，我又被风吹弯。有十几次，我被风刮得站不住脚，扑向地面，甚至撞到坚硬的石头。"②

但对夏季的登陆者而言，1月的难言岛大于7级风的天数不超过一周，最高气温可至零上，"地狱"景观已由冰雪让位给随处可见的石滩。在这人迹罕至的滚石工厂，从高地到海湾，冰川输送着型号不一的漂砾：大的堪比石屋，小的可作石桌石凳。外部的风蚀与内部的冰晶再合力将顽石劈开，斩成更适合打磨的尺寸。冰川融水与海浪接手最后一道工序，擦洗出一批大小适中的卵石，构成阿德利企鹅巢中世代堆垒的"砖瓦"。

未被企鹅染指的石材是青色的。从我脚下向前延伸几百米，在这片广阔、平缓、避风的砾石海滩上，青石与粉滩交替出现，像是双色条形码。企鹅的社区真是充满了异域风情，它们用喙搭建起结实的石子地基（也是防止融雪打湿卵的高床），用排泄物粉刷了整座城池。单独一个物种的力量，就改变了岛屿一侧的地貌，让一座粉红"城镇"浮现在海岸线上。

在我近前的"城垛"边沿，一具阿德利企鹅幼鸟的尸体尚未褪尽褐色的绒毛，如一件随手丢弃的旧外套。这件"外套"的后背破了个洞，内脏显然被掏空，头部风化干瘪。成年企鹅站在石头城里睁圆了眼睛瞪我，也许它就是那位丧子的家长。

※ 阿德利企鹅繁殖地

❄ 前景中有具阿德利企鹅幼鸟尸骸

对荒野中的生命来说，上一秒才离开产房，下一秒就可能步入墓穴。所有未被埋葬的干尸和残骨，将与石块、粪土共同砌筑企鹅的"世间"；种种半途而废的生命，将继续被漫长的岁月分解，化成后来者的养分。

　　眼前这处热闹非凡的"市井"，在人类文明出现以前就已存在。地质学证据表明，难言岛上的企鹅繁殖地延续了至少 7 000 年。根据埋藏在地层中企鹅残骨的测年结果，阿德利企鹅早在 4.5 万年前就已登陆罗斯海维多利亚地，并在 1 万多年前的末次冰期避难于此。今日企鹅重复着往日生活，每年 10 月至翌年 2 月，100 多万对阿德利企鹅夫妇涌进罗斯海沿岸，阿代尔角（Cape Adare）接纳了其中的 20 万~30 万对。难言岛只分得 2 万余对，算不上是"鹅国重镇"，但足以帮助你直观地理解什么是"国度"。

※ 阿德利企鹅繁殖地

　　遍布海湾的阿德利企鹅群落就像是培养皿上散开的菌斑，每一块粉色的菌斑里都容纳了数十个家庭，每一个家庭都以卵石铺就床席。细碎的石巢之外有一道看不见的界线，是由卧巢的亲鸟用喙划定的，只要喙不碰到喙，就足以保证邻里和睦。研究人员在这片海滩上测得，当上方坡地风速达到每秒 18 米时，海湾里的风速仅为每秒 10 米，真是一块避风的风水宝地。

　　大杂院式的企鹅集体宿舍与四周堆积的青石不仅形成颜色上的反差，在高度上也有所区别。企鹅居住的地面似乎向下凹陷了，令人疑惑它们是否平整过场地。当你游移不定地环视整个海滩，便再次确认了略显诡异的事实：企鹅们完美避开了崎岖不平的地带，就仿佛曾经凭借短小的喙、鳍翅和矮脚，将杂乱无章的砾石清理成整齐的防火带。虽然那更可能是冰川运动的杰作——冰碛垄，现在成了企鹅社区的矮墙。

粉红色街区在听觉上展开另一层面目。自从我开始打量这处非凡的繁殖地，吵吵嚷嚷的企鹅叫声就一刻也没停过。声浪构成了某种意义上的穹顶，如同剧场或是火车站上空的弧形厂棚。这里有奶声奶气、叽叽喳喳的幼鸟嘶鸣，也有恶言恶语、乌烟瘴气的市井脏话。恰恰因为企鹅们的食物（例如磷虾和鱼）不在陆地，集群营巢才能相安无事，成鸟不至于为了霸占粮库而在孩子面前大打出手。但邻里间少不了拌嘴，任何一只在巢区穿行的成年企鹅，难免会受到来自若干只喙的问候，有时也伴随着殴打。

※ 阿德利企鹅唱歌

※ 站在巢中独唱的阿德利企鹅

此外还有第三种旋律，是此起彼伏的高亢情歌。繁殖地上时不时响起企鹅之歌，我对演唱步骤已经耳熟能详。几个小时前，在距繁殖地三公里外的考察站站区，三只游荡的阿德利企鹅把我当成了第四位单身汉。毫无预兆地，两只企鹅开始原地对唱，第三只企鹅嘴里叼着小石子，蹒跚了几步，放下小石子，不明所以地看着两位歌手，像是尴尬地遭遇情侣亲热，连忙头也不回地扬长而去。

稍有不同的是，站在石巢里的企鹅大都是独唱家，似乎是在宣示领地。为了唱好这支歌，阿德利企鹅先挺拔站姿，张开两臂与身体垂直，微微向后扇动，同时匀

❋ 阿德利雏鸟背部伤口

加速抖动肚皮，带动胸肌共振，将一身肉甩出"啪啪啪"的响亮节拍，最后向着天空引颈嘶吼："啊嘎，啊嘎，啊啊啊嘎……"这支用肚腩打拍子的歌，相聚在爱巢边的伴侣也时常温习，面对巢中尚未孵化的两枚卵，公母俩情绪激动、姿势卖力，展现出夫妻间才有的默契。

我不知道，如果卵此时尚未孵化，是否就不再孵化。现在是1月上旬，大多数小企鹅裹着褐色绒毛，小腹便便坠到脚面（有人将其形容为梨形的食物袋），身高已经接近成年企鹅的一半，过上了按部就班的幼儿园生活。站在幼鸟团体四周的成年企鹅，既不像老师也不像家长，反倒更像看守人质的匪徒，对于活泼好动、出了圈儿的个体，动不动就施加体罚。成鸟凶猛啄击施暴，少数倒霉的小企鹅根本无力招架，身上常留有血淋淋的伤口。

阿德利企鹅繁殖地的歌声

※ 阿德利雏鸟乞食

※ 阿德利雏鸟吐舌头

未迈入托儿所的幼鸟也许是幸福的，不时张嘴向守在身边的家长索要食物，方法就是一个劲儿叩啄成鸟的喙。乞食行为尽管喋喋不休，但除了受到几声责骂，没有招来更为严厉的管教。我观察了几对亲子关系，都是一副爱莫能助的情况，似乎家长肚子里已经没有食粮可以反吐给孩子了。在等待出海的父母归来时，卧倒、站着发呆、吐舌头是小企鹅打发时间的三件法宝。

阿德利企鹅的常规操作是产蛋两枚，时间大概是 11 月中旬。雌鸟产蛋后体重大减，需要先去海里觅食补足元气，雄鸟精疲力竭地留下来孵卵。半个月后雌鸟回来换班，一孵又是半个月。到了 12 月上旬，两只小企鹅先后出壳。这时父母轮流下海挣"奶粉"，用鱼虾填满空胃，一直塞到食管，再用半消化的食物喂养小家伙。半个月后，吃着海鲜长大的小企鹅就可以入托了，差不多就是此时难言岛上托管班的景象。因为不是同步孵化，同一窝雏鸟的体型差异一目了然，弱小的企鹅往往活不到脱下绒羽。

人潮中少不了落寞。挤挤撞撞的喧嚣里，仍有空巢盛放着孤零零的一枚企鹅蛋，

似乎被季节遗忘了；仍有成年企鹅执着地护着脚下独卵，四周却几乎见不到刚出生的雏鸟。一直在企鹅巢区上空盘旋的灰贼鸥，也许正面临着青黄不接的食品供应——蛋和幼雏都不多了。

刚刚来到企鹅营地边缘时，一对灰贼鸥便向我猛然发起攻击。几轮俯冲示威后，贼鸥夫妇落在企鹅巢区中的一块巨岩上，边展示双翅上的白斑，边发出嘲笑般的啸叫。我因此暗自将那块岩石命名为：嘲笑岩。

把画面切到 3 公里外，中国第 5 个南极考察站（罗斯海新站）附近的一处山坡。一天前，我无意中打扰了两只并排卧在沙上的贼鸥。那是两只挨得很近的灰贼鸥，其中一只在孵卵，当它挪动位置时，我看到了仍然完整的土黄色斑点卵；另一只却

※ 灰贼鸥的嘲笑岩

已经在暖雏了，灰白色、毛茸茸的小贼鸥总想从亲鸟的翅下钻出来，散落一旁的碎蛋壳带着血丝，还没被亲鸟处理掉。两只成鸟在风中紧张地注视着我的一举一动。

※ 左侧灰贼鸥身前的卵

作为不受欢迎的访客，我只能迅速撤离。此地的风远比企鹅海滩的大得多，而低温是所有鸟卵的死敌。灰贼鸥为何把这苦寒之地当作产房？并且远离企鹅巢区？偶尔遗漏的厨余垃圾足够哺育下一代吗？在严格执行垃圾管理的站区内，我怀疑灰贼鸥很可能一无所获。考察站面朝特拉诺瓦湾，岸边残留的陆

※ 灰贼鸥亲鸟与幼鸟

缘冰上横七竖八地躺着威德尔海豹，美味的海豹胎盘是灰贼鸥返回繁殖地时的开胃菜。育雏时，站区内的灰贼鸥亲鸟也许会飞到附近海面觅食，弥补远离企鹅便利店的粮食缺口。但这缺口也许过大了。北京师范大学研究人员 2019 年 1 月在此地的调查数据显示，难言岛南部（站区）和东部（企鹅海滩）共记录 23 对繁殖的灰贼鸥，在站区繁殖的仅有 2 对，其余 21 对都分布在距企鹅巢区不足 500 米的范围内。新近建立的中国第 5 个南极考察站，是贼鸥城市规划中的偏远郊区。

难言岛所处的纬度靠近南纬 75 度。纬度越高，灰贼鸥的繁殖成活率越低，可从 40%（长城站，南纬 62 度）跳水至 20% 左右（罗斯岛，南纬 77 度）。而难言岛上

的灰贼鸥同样过着斯巴达式的生活，雏鸟平均每年只存活 20%，意味着一对贼鸥可能每 5 年才能繁殖成活一只幼鸟。

灰贼鸥每次繁殖会先后产下两枚卵。但在最后产卵日上，不同纬度的灰贼鸥面临的节点迥然不同。高纬度的繁殖个体每年 11 月中下旬至 12 月中下旬产卵，低纬度个体则将最后产卵日延长至次年 1 月中旬。从这个时间推算，难言岛站区内的两只趴窝的灰贼鸥，已经在繁殖季的末班车上了。它们是否曾经孕育过一卵，但皆遭不测？无论如何，此刻的卵和雏鸟都将是今年最后的机会了。

幸福的家庭都是相似的。雏鸟要想顺利成长，就要生在对的季节和对的地点，最大限度地提高衣食无忧的概率。所以，身为一只贼鸥，你的巢区最好建在企鹅的繁殖地旁，方便偷蛋和取食雏鸟。不过，在自然条件苛刻的南极过日子，不挑食是一项基本美德。企鹅并非贼鸥育儿食谱上的唯一菜品。在中山站（南纬 69 度）繁殖的灰贼鸥以雪鹱为主要食粮，长城站的灰贼鸥偏爱海鲜，也有灰贼鸥种群预订了银灰暴风鹱和南极鹱两款"佳肴"。

不幸的家庭则面临着多重危机。寒冷、饥饿、疾病以及同类相食（贼鸥雏鸟会被游荡的成年贼鸥猎杀），任何一种都能让新生儿丧命。企鹅的孩子多了一项危机：被贼鸥叼走。在难言岛，因为少了强有力的竞争对手（棕贼鸥），灰贼鸥终于可以把企鹅巢区划进自家地盘，拒绝和包括同类在内的任何生物分享，一旦来犯必遭驱逐。我在嘲笑岩得到的奚落不过是灰贼鸥的正当防卫，也是它们在惨淡经营中习得的强盗手段。

站在企鹅海滩的缓坡高处，有一些仅凭肉眼无法轻易发现的事实。北京师范大学教授夏灿玮为几只企鹅雏鸟佩戴了追踪器，发现它们其实是幼儿园里的转校生。原来，小企鹅看似被严格看管，实则可以从一个团体转移至另一个团体，俨然流动的幼儿园。难以想象短腿的小家伙如何在巨石间穿梭，我们通常以为那是一群无脚的"猕猴桃"。

几年前，北京师范大学另一位教授张雁云曾作为新站选址队员之一登上难言岛考察，他和妙星用相机拍摄并拼接出了企鹅海滩的全景图。后期处理数据时，他们放大全景图，通过擦除一个个"黑点"来计数，每一个黑点代表一只企鹅，再根据成幼的比例关系，推算出当时繁殖地上大约生活着 1.8 万只幼鸟。

我坐在稍远处的石块上，回想刚才为什么不趴在满是粪渍的石床上拍摄。眼睛看不到气味，但鼻子也没有接收到刺激性的信号。只是视觉信号在提醒我，还是后退为妙。来到企鹅巢区外围后，我不再向下行进，一直处于上风口，因此没有闻到一星半点这座粪便城池的独特气味。

而气味有关化学。企鹅粪便释放着二甲基二硫（$C_2H_6S_2$）、二甲基三硫（$C_2H_6S_3$）等挥发性硫化物，类似的物质也曾经飘荡在海上，让你能闻到海的咸腥。当磷虾进食浮游植物的时候，二甲基硫醚（C_2H_6S）释放并散布到大气中，为鹱鸟觅食提供了嗅觉指引。粪便中还隐藏着更多的元素，氮、磷、钙、氟、硒、锌……所有曾经组成生命的物质不会凭空消失，即便离开了硅藻、磷虾、鱼、鸟等储存介质，也终将被土壤记载，被空气转述。

我到底没能等来那个时刻：小企鹅父母从海里捕食归来——"白衬衫"被海水洗得干净笔挺，一改溅满粪汤的不体面造型——精力充沛地出现在一大群幼儿面前。在疯狂乞食的围追堵截中，幼儿们努力辨认来自血脉的呼唤[1]。

※1 据《鸟类学（第 2 版）》第 439 页，阿德利企鹅能够通过特定鸣叫实现亲子识别，离巢的幼鸟听到觅食归来的双亲鸣叫时，会立刻从一群幼鸟中走出来，回到双亲的身边。

※ 阿德利企鹅小分队

※ 地狱之门

　　我该离开了，返回 1.5 公里外的临时营地。"它们喜欢登山，喜欢在浮冰上兜风，甚至还喜欢锻炼。"③ 彻里‐加勒德这样记述他在罗斯海沿岸见过的阿德利企鹅。一百多年过去了，难言岛上的企鹅仍然不惧徒步。快接近临时营地时，一支阿德利企鹅小分队从雪山背景里朝我走来，也许是要返回海滩巢区。附近有几处源自冰川融水的淡水湖泊。看到天空一样的湖，企鹅们停了下来，跳上滚石梳妆台，理羽、唱歌、摇头摆尾，心满意足了，再蹦蹦跳跳地离开，继续这场翻山越岭的暴走。

　　几个小时前，直升机飞临高地上空，吊运来了绿色的苹果屋，是研究人员未来一段时间的野外宿舍。从这里眺望远处，能看到一座白雪皑皑的山脉，队员们告诉我那就是"地狱之门"（Hell's Gate）。但我不确认那是否是坎贝尔命名为"地狱之门"的北部山麓丘陵（northern foothills）缺口。

※ 罗斯海新站升旗仪式

　　我没有福气住在"地狱"的门口，无法体验狂风撞击苹果屋的恐怖。屋子的四角都用绳索绑定了，钢钉敲进地里，还压上了石头，可还是会被风撬动。岑参的歌行仿佛预言了我想象中的画面："轮台九月风夜吼，一川碎石大如斗，随风满地石乱走。"只不过难言岛夏季的夜晚，始终是明亮刺目的。

　　距此地 6 公里之外，是前面提过的罗斯海新站营区。拜访企鹅海滩之前，我在那里过夜。新站主体建筑是红色的集装箱宿舍，难言岛的风果然名不虚传，将一年前（2018 年）竖立在空地上的三根旗杆吹断了两根。顺着宿舍房后堆积的雪墙，可以直接走上房顶。登陆后的队员们大部分时间在铲雪除冰，挖出"雪藏"的油桶与电缆，准备恢复站区电力运行。厨师在蓝色集装箱（餐厅）里化雪烧水，滚烫的开水带来了灵感。原本用冰镐挖掘电线的队员，端起一盆热水浇在冰疙瘩上，难题迎刃而解。集装箱房通上了电，吊机与铲车不久也从"冬眠"中醒来，挥舞铁臂铲雪开路。与此同时，直升机和小艇正载着货物往返于站区和"雪龙"船。

　　站区是一个三面环山的小小岬湾，出现在这片区域的阿德利企鹅大多清心寡欲，不过有时也会做出一些古怪的举动。比如将头埋进雪里，随即一动不动，好像打定了主意要睡觉；比如冲动地跑到合影的队员跟前，大声鸣叫表示不满；再比如抽冷子从岸上跳到运货的驳船上，然后又惊慌失措地从船上逃窜到水里。与它们正忙于带娃的同胞不同，离散于繁殖群之外的阿德利企鹅或许可以随意慵懒，累了就趴下睡觉，睡好了就出去觅食，偶尔还发挥下好奇心，这里瞅瞅，那里碰碰，日子过得简单而固执。

真正从容淡定的还是威德尔海豹，以至于常被误认为是礁石。在站区附近的砾石堆里，有人发现了一只不太一样的海豹。它的棕色皮囊已经高度风化，裸露出白色颅骨，空洞洞的眼窝却好像还在看着来者，从吻的前端呲出来几颗白牙，使得脸部的神态像在不怀好意地笑。最让人感兴趣的是，这只海豹的身下还压着一只企鹅……简直就像是豹海豹捕食企鹅的经典场面。我把照片发给妙星辨认，他判断这是一只幼年的豹海豹，至于与企鹅尸体的位置关系，他说除非尸检，查验企鹅身上是否有咬痕，否则无从判断二者生前发生了什么。当时倒是有人想掰下一颗海豹牙，

← 阿德利企鹅把头埋在雪里

＊ 海豹与企鹅干尸

但这尸骨冻得硬邦邦的，结实得就像一块岩石。

站区附近的石堆中还散落着另外几具骨架或干尸，皆为阿德利企鹅。这让我想起"雪龙"船刚刚抵近特拉诺瓦湾时，海面上也漂来了企鹅尸骸。这是死者在为生者宣告领地。

上站当晚我在集装箱房中就寝。四人一间的寝室窄得像个火柴盒，靠墙并排放着两张上下铺，对面是衣柜和一台电暖器，中间留出仅容一人行走的通道。房间虽然狭小，却是无边旷野中温馨的家。第二天清晨，升旗仪式之后，我搭乘直升机去了岛屿北面的高地，随后行至取名为南湾的企鹅海滩，度过了我在难言岛上的最后两个小时。

扫描二维码
查看拓展阅读

绿野仙踪

上 集

"雪龙"船豁着门牙驶向南设得兰群岛，一路上远离了激进的浮冰区，海水又恢复了保守的蓝色调。回到西风带的跑道上，好天气持续不了三五天，气旋周期性地送来雨雪，转眼风雨如晦。到达长城海湾时，"雪龙"像一列暂时停靠站台的绿皮火车，等待白色的高铁——绕极气旋从我们头顶呼呼驶过。

※ 抵达长城湾

气旋进站的前夕，长城站的几位工程师乘橡皮艇来与我们汇合。面对冰山撞击留下的"刺青"，他们举着手机，像观鲸团一样绕行"雪龙"一周。有趣的是，两个月后"雪龙"回到国内，黄浦江上的拖轮也如是操作，举行了环绕观摩礼。

船上回馈了工程师高级别的礼遇，没让他们去爬摇晃的舷梯，而是用吊笼将人从橡皮艇起吊到甲板，相当于坐上了"电梯"。未来几天，工程师会用焊枪和钢材为"雪龙"修补门面。

前文曾经提到，到达长城海湾前三天（1月22日），我才在别林斯高晋海第一次见到黑眉信天翁。它脸部的白色底稿上打着一道黑对勾，是连在一起的黑眸与黑眉（坎岛信天翁的眸子是浅色的）。在一张制作于本世纪初的菲尔德斯半岛鸟类名录中，黑眉信天翁被标记为"个体偶见"。另据记载有许多蓝鹱、南极鹱、银灰暴风鹱和雪鹱因体力耗尽而死于海滨。

所以，即使第二天就要登上长城站，也不能放弃在船上拍摄海鸟的机会。接下来被收入镜头的是南极鸬鹚（*Phalacrocorax bransfieldensis*），它是蓝眼鸬鹚（*Phalacrocorax atriceps*）的地方性兄弟，仅繁殖于南极半岛、南设得兰群岛和象岛。

※ 马可罗尼企鹅 雷维蟠 摄

菲尔德斯半岛上曾有过4个南极鸬鹚繁殖对的记录。据一份2013年的文献记载，彼时常能见到单只或18只一群的南极鸬鹚活动于菲尔德斯半岛海岸地带。请记住"18"这个数字。

另一个与数字有关的事实，是菲尔德斯半岛曾记录过7种企鹅，不妨称之为"企鹅七武士"。其中三种是半岛土著，即硬尾企鹅属（*Pygoscelis*）的三位成员——阿德利企鹅、帽带企鹅和白眉企鹅，在海湾里就能见到它们。剩下四种不太容易见到，

※ 马可罗尼企鹅（左一）与白眉企鹅 雷维蟠 摄

分别是帝企鹅、王企鹅、马可罗尼企鹅（*Eudyptes chrysolophus*）① 和跳岩企鹅（*Eudyptes chrysocome*）②。我的运气稍稍差了那么一点，就在登岛的前一天，当"雪龙"前往巴西站避风时，一只马可罗尼企鹅出现在长城站的油罐附近。驻站的北京师范大学鸟类学博士雷维蟠拍到了这只"跟错队伍"的小呆，彼时它正混迹于白眉企鹅小群体中，时不时还要忍受一番来自地主的羞辱。待我上岛后再去寻找，马可罗尼企鹅已无踪影。

离开了南极圈，南纬 62 度的夜晚如约而至。来到舷窗前，"满屏"都是飞舞的雪霰。直到站在灯光昏黄的海图室（驾驶台中部用布帘隔出的一块区域），我对着地图才搞明白南设得兰群岛、乔治王岛、菲尔德斯半岛和长城站之间的关系。不

※ 贼鸥 "AV8"

妨类比为大鱼吃小鱼、小鱼吃虾米，即：长城站位于菲尔德斯半岛的东南角，菲尔德斯半岛位于乔治王岛的南端，乔治王岛为南设得兰群岛的第一大岛，而南设得兰群岛位于南极半岛以北（中间隔着布兰斯菲尔德海峡）。

雪夜之后，我们准备换乘黄河艇上站。清早，一只戴着蓝色脚环的贼鸥[1]淡定地站在"雪龙"舱盖上，接受众人的仰视。它被环志的号码是 AV8。黄河艇抵近长城站码头时，水中也漂浮着一只被环志的贼鸥。每一枚脚环其实都是一道精准的刻度，刻度与刻度相连，将勾画出贼鸥个体乃至群体的生命曲线。20 世纪 80 年代以来，岛上的棕贼鸥种群数量相对稳定，维持在五六十个繁殖对；灰贼鸥后来居上，从 1987 年的 18 对迅速攀升至 2011 年的近 300 对。

研究人员注意到了两种贼鸥截然不同的繁殖策略。首先，棕贼鸥会比灰贼鸥早一至二周回到繁殖地，进而在企鹅巢区率先划定势力范围[2]。其次，在营巢地点选择上，灰贼鸥更像是在填补棕贼鸥的空档。当棕贼鸥环绕半岛海岸把巢建成"海景房"时，灰贼鸥营巢地点却大多位于岛屿中部的山地，做窝于地衣丛生处。再者，棕贼鸥把家安在企鹅巢区边上，自有一番近水楼台式的巧取豪夺；而灰贼鸥会花更多时

※1 菲尔德斯半岛分布有两种贼鸥——灰贼鸥和棕贼鸥，且存在两者的杂交个体。仅仅称呼它为"贼鸥"，看起来是一种更为简便可靠的方法。
※2 乔治王岛波特半岛（Potter Peninsula）上的研究（Hahn and Peter, 2003）显示，一对棕贼鸥可以垄断 48~3 000 个不等的企鹅巢。

间觅食海产品。两者也伺机分食科考站的厨余垃圾，棕贼鸥食用人类食物的比例还要略高一点。

灰贼鸥天时、地利都不占优，为何种群数量还能反超？严谨的研究者没有妄下结论。有可能，有限的企鹅资源犹如一道天花板，阻止了棕贼鸥壮大种群；而相对丰盛的海边食物，例如100多种潮间带底栖生物、小型鱼类和数量巨大的磷虾，却令灰贼鸥突破了取食瓶颈，一跃而为本地的望族。

当然这仅仅是一个猜测。文献能带领我们去往更多的岛屿，但眼前的岛屿只有一个。砾石海滩、水泥码头、红房子、黄铲车，长城站到了。经历了撞冰山的惊魂未定和搬运冰块的重体力劳动后，下船的人们急需认领一份脚踏实地的从容。我们将行李放进铲车的抓斗，跟在这辆豪迈的行李车后面，步行前往站区。

绿意已出现在长城站前的贼鸥湖里，那里距离海湾不过几步之遥，黑色砾石滩铺上了一层黄绿色的苔藓，织就一张迎宾的挂毯。贼鸥们就站在水洼里的天空中洗澡。

※ 篮球馆里打地铺

　　人们穿过站前广场，鱼贯步入蓝色的综合栋。这景象与两天之后上站游览的极地观光客何其相似，只不过游客仅被允许参观已成为历史陈列建筑的红色1号栋，那是建站初期的一排集装箱房，里面展示着一些老照片和老物件。极地向导以自身为界桩，指引游客在规定的范围内走动。这些向导中有一位名叫吴岚，经由雷维蟠推荐，我曾请她参与完成报社的一篇科普问答"南极为什么没有熊"。按照原计划，我不会来长城站，但现在竟然不可思议地与他们两个人在长城站合影。既然冰山没有阻止我们前行，我们一定还会与更多的人相逢。

　　我对蓝色综合栋的记忆存在断层。印象中，那里被两种功能割裂，一边是餐厅，一边是地铺。两者之间由一道塑料花卉装饰的月亮门相连。地铺在室内篮球馆里，木地板上放着几十张床垫，如同应急避难场所。从船上疏散下来的30余名队员在场馆内过夜，等待从智利开来的航班降落在菲尔德斯半岛，靠谱的登机时间大约在三个坏天气以后。

放下行李后，我和邓文洪教授去综合栋对面的科研栋找到了雷维蟠。在他宿舍里的电脑桌面上，我看到了那只明星一般的马可罗尼企鹅。随后雷维蟠指着半岛地图，引领我们的视线横切了岛屿的腰部：在长城站以北有一条低洼的走廊，被命名为横断风谷，沿着这条风谷，就可以穿越至西海岸的生物湾。一条听上去悦耳、动感的徒步路线。

　　雷维蟠报备了出行计划，申请对讲机，又找来高可及膝的水靴，横穿半岛之旅开始了。科研栋外已经聚集了很多队员，他们和我一样，都是"雪龙"船上的来客，到站后最好的休整莫过于一次轻快的远足，只不过方向截然不同。大群人沿着海岸线向北步行，去参观国外科考站了，那条路也通往机场。

　　喧闹的站区转眼又安静下来，当我们三人刚刚走到风谷的"入口"——长城站北侧的一片开阔地，刺耳的告警声立刻在头顶炸响。像任何一位焦躁的人类家长一样，黑头、红嘴、烟色胸腹、深叉尾的南极燕鸥在育儿期陷入歇斯底里，用急切而单调的高频叫喊宣泄对"入侵者"的不满，不顾自身安危地一次次冲向无知的路人。

※ 执行"无差别攻击"的南极燕鸥

　　身为南大洋土著，南极燕鸥对外来者极为"反感"，以至于如果受到干扰，竟可以在一个繁殖期内数次移巢。1984—1985年的南极之夏（11月至翌年3月），900余对南极燕鸥入住菲尔德斯半岛，我设想了一下它们迎击入侵者时的壮观声浪，大概可以引发空气的"海啸"。2010—2011年，南极燕鸥似乎又迎来了一波生育高峰，

884 对夫妇覆盖了近海的碎石带。它们奉行极简主义的筑巢学，以地上的浅坑（填充贝壳或碎石）作为产床，如果不是将要踩到巢中的卵，谁能一眼发现外观与地面无异的燕鸥巢呢。

南极燕鸥的种群数量据估算有 5 万余繁殖对，远远少于伟大的旅行家——往返于南北极的 50 万对北极燕鸥。每年 10 月，北极燕鸥到达南大洋，开始度过它们悠长的假期，最迟可能到次年 5 月才离开。2008 年 11 月 5 日，150 只北极燕鸥造访菲尔德斯半岛，这是 2012 年之前最庞大的一个旅行团，其他年份里记录到的数目则很少超过个位。

❋ 横断风谷

❋ 苔藓"草原"

来到南极的北极燕鸥大多换上了冬装，包括不那么黑的头罩和不红的嘴，此外翅膀尖端还镶着一道雅致的黑边，以此可与南极燕鸥区分。

❋ 沦陷

让视线暂且离开燕鸥那富于攻击性的飞行轨迹。前方遍布玄武岩碎石和黄褐色苔藓的开阔地逐渐收窄成一条河谷，冰川融水汇成的河流呈潺潺之势，湿润的环境养肥了苔藓草原，郁郁葱葱的绿色给人无限慰藉，却也设置了美丽的陷阱。走在沼泽般的"草地"上，步伐稍有迟疑，就可能"沦陷"。眼看整只水靴要被泥沼吞噬，你所能做的也许仅是尽快弃靴保足。

脚下传来的混沌吸力容纳了植物的未来。苔藓的雄配子在水中游泳，去与雌株体内的雌配子"约会"，这是名副其实的温柔乡。在菲尔德斯半岛，如果用种类的多寡作为天平两端的砝码，伏于地表的近 70 种苔藓和 60 余种地衣显然重于在岛上繁殖的 13 种鸟。

细细打量，每一棵低矮的植株都把颜色具象化了，也许是石头属性的褐黄，河流属性的翠绿，以及荒滩属性的霉黑。更何况，植物的名字本就自带色彩：耐旱的石生藓类——黑藓，土生藓类——金发藓，沼生藓类——青藓，等等。不过，我没有能力识别植物界的小个子精灵，只能去追寻"俗气"的飞鸟了。

离开充满亚南极风情的湿润沼泽，随着地势抬升，覆雪终于在苔藓身后收复了失地，人走起路来才又变得硬朗。路面上留有一道"车辙"，是不久前穿行风谷的考察队员足迹。雪面被弄脏后会加速融化，原先正常大小的脚印扩大了边界，变得如同巨人脚掌。快接近西海岸时，在苔藓与地衣装扮的碎石高地上，我们遇到了一对贼鸥。这看上去是个杂交家庭，两只成鸟的脖子颜色一深一浅，恰好就是棕贼鸥与灰贼鸥的对比照。这里远离企鹅巢区，看样子是棕贼鸥背离了自家族群的地盘，追

✳ 贼鸥夫妇

随伴侣过起了赶海的生活。半岛上几百对血统纯正的贼鸥家庭以外，混血的家庭数量可达二三十个。

正在看着，雷维蟠忽然告诉我们贼鸥雏鸟刚刚从高地上跑过去了。后来我在长城站度夏队员林玮提供的照片中，发现被戏称为"小鸡仔"的贼鸥幼雏凭借羽色能完美地隐匿在乱石岗中，那蓬起的一团棕褐绒羽足以乱真岩石上斑驳的地衣。在幼

※ 簇花松萝

※ 簇花松萝山坡

雏身边，石头不再是"秃顶"，反而长出了不少黄褐色的"头发"——松萝属（*Usnea*）的枝状地衣，早期的文献译为"石萝"。这也是我在长城站最想看到的"目标物种"。

石萝有着被称为子囊盘的结构，位于丛状枝节的顶端，形似袖珍的黑洞，镶着一圈金边，让人联想起日环食。两天后我在一次独自散步时，遇到了一整面山坡的石萝瀑布，那景象如同误入高山草甸。在中文命名人的眼中，顶生的子囊盘一定如"花朵"一般，因此根据子囊盘的数量，这里的两种枝状地衣被分别命名为簇花松萝（*Usnea aurantiacoatra*）和南极松萝（*Usnea antarctica*）。后者子囊盘极少见，且为不规则的马鞍形，相当于"无花"松萝。

走到高地边缘，风景倏忽而至。西海岸面对的正是以狂暴著称的德雷克海峡，但海面此时静若处子，远处玄色的平顶岩像一块石碑，任由海浪喧哗却兀自岿然不动。俯视下的海滩调色板上，浪潮席卷玄武岩峭壁，淘洗出乌黑发亮的阶地；青绿的沼生藓逐水而居，将河汉团团包围；海陆交接处系着一条海藻"红绸"，曲折蜿蜒。

※ 西海岸的另一处地标：霍拉修峰

※ 走向平顶岩

※ 西海岸

❋ 南极发草

　　从犹如观景平台的高地沿陡坡下降，一步一滑中，我发现一株南极发草
（*Deschampsia antarctica*，英文名 Antarctic Hair Grass）斜倚着身边的岩壁，傲视四
周贴地生长、不会开花结果的苔藓。然而即便是在温润的亚南极，植物要想生存，
也需拉帮结派。南极发草作为显花（种子）植物在此地唯一的代表，坐享的是隐花
植物（苔藓和地衣等拓荒先锋）打下的江山——正是这群"卑微"的伙伴将贫瘠的
土壤改造成适宜种子萌发的温床。但自此之后，南极发草与苔藓，苔藓与苔藓之间，
各有一番相爱相杀的把戏。发草扎根于苔藓中，尽情吸干恩人的水分；不同种类的
苔藓则以绞杀之术互相伤害，没有一个角落是不靠竞争就能占有的。

　　虽然微观世界也难逃残酷的自然法则，"绿草如茵"的海滩至少看上去仍一
片祥和，成了南极海狗的运动场。无论是英文名（Antarctic Fur Seal）还是拉丁名
（*Arctocephalus gazella*），都透露出人类对南极海狗的特殊兴趣。"fur"是皮毛，是

金钱，也是屠戮[1]；种加词（*gazella*）则来自第一艘捕获它的德国船只——瞪羚号
（SMS Gazelle）。于是我们可以这样误读，出于不可消解的世仇，南极海狗会追逐
每一个闯入安全距离内的人类。它们高傲地耸起上身，后肢拱立，摇摆着身体，一
个劲儿吹胡子瞪眼，奋力地用鳍肢奔跑，但这"报复"常常止于恐吓。

　　在繁殖季节，少数雄性南极海狗统治着领地。尽管雄性在三到四岁时就性成熟
了，但可能直到八岁才会拥有自己的地盘。雌性则在三到四岁或更小的时候就可能
首次怀孕。早在 1979 年已有研究指出，南极海狗幼崽的生长速度超过了其他种类的
海狗，在 110~115 天的哺乳期内，南极海狗雄性幼崽的生长速度为每天增重 98 克，

※ 南极海狗

<hr>

※1　18 至 19 世纪，南极海狗曾被捕杀到濒临灭绝。

雌性幼崽为每天 84 克。研究人员认为这种现象与南极须鲸种群减少有关，因为两者竞争相同的食源——南极磷虾。须鲸被人类大肆捕杀后，磷虾开始出现"结余"。丰盛的磷虾牌"奶粉"有可能促进了南极海狗的加速生长和提早繁殖。

和南极海狗共享这片海滩的，是海豹类动物中的重量级成员——南象海豹（Southern Elephant Seal）。它们同样遭到过人类以炼油为目的的屠杀。我坐在岸边"草坪"中的一块礁石上，看一只雌性南象海豹喘息着挪动几百公斤重的"油桶"般的身躯。"半岛上退役的龙猫巴士。"我产生了一个轻盈的想法，眼前却是一辆随时会熄火的老爷车。南象海豹有如一截伸缩前进的弹簧，每次只蠕动几米，就不得不停下来让体内的发动机冷却一会儿。

南象海豹的属名（*Mirounga*）来自澳大利亚的一个地名，种加词（*leonina*）意为狮状。在慵懒的褪毛季，南象海豹恐怕是最无观赏性的狮子。它们切换到皮毛脱落的"毁容"状态，或者用植物学上的术语：表皮呈纸状剥落。当它们用前肢在身上挠痒时，可以听到指甲的刮擦声，像在戳一件旧皮袄。南象海豹眼睛上方近眉心处，有两簇呈圆圈状对称排列的短眉，倒是颇为柔美，甚至有几分像花钿——但我怀疑只有我这么认为。

除了我身前这只正笃定地蠕行——目前还无法断定终点是哪里——其余的南象海豹或在干燥的沙土地上扎堆，或躺倒在深红色的海藻床上。它们有时把海藻盖在脸上，通过涂抹这层奇特的"防晒霜"，为皮毛脱落的头顶或躯干遮阳。

南象海豹群体中99%是雌性，只有一头平均体重2吨的雄性，看护着自己的后宫。它们肉贴着肉，有一位成员想翻身挠个痒痒，就会引起整条油桶阵线的骚乱。大鼻子的雄性是其中最先吼起来的那个，但不是繁殖期中那种著名的狮吼，那是每年8月冬末时吹响的战斗号角。在血腥的交配权之战中，少数强壮的雄性能赢得一个以

※ 南象海豹群

※ 南象海豹"纸状剥落"的皮肤

※ 雌性南象海豹

※ 躺在海藻床上的南象海豹

※ 雄性南象海豹(左侧近景)

上繁殖季,这往往意味着一百头雌性组成的后宫。而大多数雄性终其一生都没能繁殖,甚至有九成左右的"小伙子"在拥有成熟的社群关系前就会死去。

有位作家朋友曾转述他女儿的话:"海象打架时,会把鼻子含在嘴里,以免遮挡视线。"这可真是一个有趣的想法,看来是把大象的鼻子移植到海象身上了。不过雄性南象海豹的鼻子才更像象鼻,不仅伸缩自如,还能膨胀隆起,打架的特效是甩来甩去,像是鼻梁被打断了。

※ 南象海豹幼崽

※ 南极海狗幼崽

南象海豹叫声

我们在海滩上看到一头南象海豹幼崽。它刚出生时是黑不溜秋的,一个月后就能换上现在这身银白外套。它的母亲在产仔之前的孕期长达近一年(50周),也就是说,是在上一个繁殖季受孕的。海滩另一边,南极海狗给刚出生的幼崽喂奶差不多一周后,就可以再次交配,但也要等到来年的繁殖季,才能产下这一季怀上的孩子。黑色皮毛的小海狗这会儿已经可以在水中嬉戏了,壮实得就跟小狗崽一样。

再过一个月,南象海豹结束褪毛(换皮)重返海洋,就会化身自由的"龙猫巴士"。它们一生中80%的时间都在水中度过,最深可潜至水下1 444米,能滞留两小时,

※ 悬崖上的黑背鸥

相当于看一部电影那么久。针对麦夸里岛雌性南象海豹的研究显示，它们每年有两次摄食迁徙：一次是哺乳后（post-lactation），或称夏季迁徙，从 10 月到翌年 1 月，到远洋极锋区觅食，猎物以乌贼为主[※1]；一次是换皮后（post-moult），或称冬季迁徙，从 2 月到 9 月，南下到南极大陆架附近觅食，以鱼类为主食。

　　黑背鸥（*Larus dominicanus*[③]，英文名 Kelp Gull 的字面义为藻鸥）是西海岸唯一一种让我觉得"遥远"的生物。对比起来，贼鸥可算是聪明的"乌鸦"，并不惧怕人类，惯偷厨余食品；燕鸥是疯狂的父母，常主动骚扰路人；企鹅是"羊群"，周期性地光顾海洋"牧场"，吃饱后再回到岛屿"羊圈"；海豹与海狗呢，像晒太阳的犬，多数时候"人畜无害"。所有这些生物都相对容易观察，唯有在悬崖峭壁筑巢的黑背鸥，保持着居高临下的姿态，给人以距离感。

※1 据估计，南大洋的 66.4 万只南象海豹每年能消耗掉 450 万吨猎物（主要是乌贼）。

在有关黑背鸥的文献记载中，提到它会取食南极帽贝（*Nacella concinna*），打开硬壳的方式是高智商的"高空抛物"。此外，它们也以端足类、磷虾为食。黑背鸥广泛分布于南半球，但只有南极地区的黑背鸥有迁徙行为。因此它们的幼鸟从一出生就表现得与众不同，展现出与其他地区（例如阿根廷）的黑背鸥幼鸟相反的生长模式，即先增加嘴峰和跗跖的尺寸，最后才是增加体重，为冬季迁徙做好准备。

黑背鸥的孩子穿着褐色马赛克图案的服饰——这是最具鸥科幼羽特色的款式，很多种鸥的幼鸟都如此打扮。好在此地再没有其他种类的鸥可供混淆。

黑背鸥成鸟（左）与幼鸟

❋ 帽带企鹅

　　目光沿峭壁下移，10只帽带企鹅（*Pygoscelis antarctica*，英文名 Chinstrap Penguins，又译为纹颊企鹅）站在海中礁石上梳理羽毛。几分钟前在黑色海滩上，雷维蟠用铜剪刀在一具帽带企鹅残骸上取样，这种企鹅在此地正在变少。2007—2009年，长城湾一侧的阿德雷岛（Ardley Island）仅仅记录到8对繁殖的帽带企鹅；同期的白眉企鹅（*Pygoscelis papua*，根据种加词音译即巴布亚企鹅；英文名 Gentoo Penguin，音译即金图企鹅）一家独大，超过了5 600对；与岛屿同名的阿德利企鹅则低调地驻扎了307对（2009/2010年度），但在2001年尚还有810对。企鹅种群数量的极端变化引起了科学家注意，类似的情形也出现在南极半岛。

20 世纪 70 年代末以来，南极半岛的阿德利企鹅数量开始下降，而白眉企鹅迎来"人口爆炸"，大有取代阿德利企鹅之势。帽带企鹅与阿德利企鹅一样，种群数量开始走下坡路。例如阿德雷岛的帽带企鹅在 20 世纪 70 年代"兴旺"时超过 200 个繁殖对的"盛况"早已不复存在，而在与阿德雷岛隔海（25 公里）相望的巴登半岛（Barton Peninsula），帽带企鹅在 2001 年尚有 5 200 只，到 2006 年已减员近半，仅剩不到 3 000 只。

有一种说法认为气候变暖导致南极半岛冬季浮冰面积减少[1]，使得嗜食冰藻的磷虾种群数量缩减，进而影响了食物链一端的企鹅，特别是高度依赖浮冰（ice-obligate）的阿德利企鹅。曾有研究发现，阿德利企鹅、白眉企鹅食谱中的磷虾占比在八成左右，它们同时还摄食鱼类、端足类、头足类（乌贼）等海洋生物，一定程度的"不挑食"或许可以抵抗食源变化带来的冲击。但磷虾在帽带企鹅的食谱中占比达到了 100%。

另一方面，科考、旅游对企鹅繁殖的影响也是科学家关注的焦点。人类靠近会引起企鹅的应激反应，诸如心率加快、呼吸急促、激素分泌加剧等。白眉企鹅胆子最小，在孵化和育雏期遇到人类打扰后会弃巢离去，并且即使观察者停止走动，白眉企鹅在 5 分钟后仍会维持高度"警戒"（vigilance）状态；阿德利企鹅表现出护巢行为，但似乎还算淡定，当观察者停止走动后，它的生理状态会恢复到原先的正常水平；帽带企鹅则有强烈的护巢行为，对人类活动也更为敏感，若再受到恶劣气候（暴雪、低温）冲击，其繁殖成功率甚至会降为零。

除了企鹅、象海豹、海狗以及红色的海藻，在西海岸海滩上还能看到鲸的"标

<hr>

※1 南极半岛西部是地球上区域气候变化速度最快的地区之一。20 世纪 50 年代以来，该地区的气温上升了近 7 ℃。

点"——几截脊椎骨或一截下颌，让人怀疑这里曾炼过鲸油。第二次世界大战后，各捕鲸国重返南极，大开杀戒。鲸的数量震荡也会由食物链传导给企鹅。如前所述，捕食磷虾的须鲸减少后，海狗数量日渐增长，企鹅的种群数量因种类不同有增有减，极地生物似乎正因人类活动引发的气候变化而陷入新一轮前途未卜的复杂博弈。

　　我的第一次西海岸之行要告一段落了。三人小分队沿原路返回，海岸悬崖边垂挂了一道银线般的小瀑布，冰川融水令耳朵舒适。为了赶在晚饭前回到站里，回程几乎没再作停留。

✳ 鲸的颌骨

✳ 鲸的脊骨

✳ 有黄蹼洋海燕繁殖的小岗

✳ 黄蹼洋海燕

　　天色已晚，长城站最先迎接我们的是发光的蔬菜温室。温室东侧有一座小岗，雷维蟠迈步上前，去检查安装在岩隙旁的红外相机。那洞中安静地蹲着的黑鸟竟然是黄蹼洋海燕。我一下想起拉斯曼丘陵幽深而逼仄的片麻岩石缝，当时未能一睹海燕孵卵的样子。眼前这处巢穴却近乎敞开的客厅，一只谨慎的亲鸟紧贴着岩壁趴卧在苔藓丛中，身前有一株苍白的松萝，不知是叼来的巢材，还是原本就长在那里。总之，比起中山站坚硬干燥的石窟，这里就如同温暖潮湿的南方。

　　黄蹼洋海燕的"犬吠"将我唤回到现实中来。我随手录了一段音频，从声谱图上看，长城站和中山站的"犬吠"略有不同，不知是地理差异还是个体区别。但在当时的我听来，这小狗般的叫声却是菲尔德斯半岛上我唯一熟悉的声音，仿佛正与无比遥远的中山站通过甚高频电台喊话。

黄蹼洋海燕的"犬吠"

几个小时之后，随着夜幕降临，我将重返这片嶙峋的矮岗，见证一种只闻其声、不见其形的海鸟，这大概是我此次南极之行中最为神秘的一段体验。在此之前，还有一个小家伙要登场。它是一只阿德利企鹅幼鸟，已经脱下了"猕猴桃"绒羽，新换的成羽在背部有些发蓝，不如成鸟那么油黑，也缺少标志性的白眼圈和泛红的嘴尖，反倒颇有几分小蓝企鹅（*Eudyptula minor*）的气质。

　　小阿德利企鹅稚嫩、孤单、迷茫，藏身于科研栋下的水泥墩上，不时发出重复的一个音节，像在求救于可能出现的同类。它来到这里已经几天了，曾引起短暂的围观。人们以为小企鹅会自行离去，谁知第二天它仍滞留在此。

　　担心小企鹅会挨饿，雷维蟠决定展开"营救"。他弓着身子钻到钢架下面，缓慢靠近这位小倒霉蛋，试图用一只手吸引企鹅注意，另一只手绕到企鹅背后伺机"捉

＊ 躲在考察站楼栋下方的阿德利企鹅幼鸟

拿"。但小企鹅完全不吃这一套，一边不满地叫唤着，一边轻松移出了"埋伏圈"。雷维蟠回头示意，让我也加入"追捕"。当我钻进建筑物架空的底部时，便与雷维蟠形成了夹击之势，小企鹅这才意识到"大事不妙"，转身想跑，却一下子撞进了雷维蟠怀里。

雷维蟠把企鹅面朝外抱在胸前，用两臂夹住跗蹠和鳍翅，以免它在挣扎中受伤，也避免被企鹅误伤，是标准的鸟类环志手法。现在我要做的，就是用雷维蟠的黑色毛线帽罩住小企鹅的脑袋，把它眼前的世界"拉黑"。小企鹅不断摇晃头部，竟然甩掉了帽子。我比企鹅还紧张，好不容易才第二次把帽子套到小脑壳上，它终于暂时安静了。雷维蟠抱着企鹅迅速往长城站码头走去。

摘掉帽子的那一瞬间，小企鹅气愤地叫了两声，随后它又向着站区的方向跑了过来。不过在看到我们后，小家伙似乎有些犹豫，一扭脸跑向了码头另一侧，跃入海水中游走了。好奇的小企鹅在考察站里找不到食物和同伴，但愿我们的"营救"没有给它帮倒忙吧。

晚餐后走出综合栋，我站在南极圈外的夜幕下，能隐约听到一声声微弱的"虫鸣"。反复听了几次，我才确定这叫声真实存在。声音从站区的南北两端传来，交叠出现如同回声，又有点儿像在国内听过的燕尾叫声。我带着疑问走入科研栋，把这一"发现"告诉了雷维蟠。

"黑腹舰海燕？"雷维蟠忽然激动起来，说度夏这段时间还没见过这种鸟。他看了眼文献上对黑腹舰海燕（*Fregetta tropica*，英文名 Black-bellied Storm Petrel）鸣声的描述，断定应该就是它，随即拿上录音笔，跟我一起步入黑暗。

外面飘起了小雨。我们循着叫声，走到了站区北侧有黄蹼洋海燕繁殖的山冈。声音越来越近了，有鸟在夜空中边飞边鸣，鸣声如一记悠缓的口哨。雷维蟠打开手电，

黑腹舰海燕的
"虫鸣"

卧在近处的一只贼鸥吓了我们一跳。声音继续向前指引，是一座更高耸的小岗，飞翔的黑影几次从我们头顶擦过。后来这黑影停落在了山冈最高处，也许那里有它的巢穴。从地势来看，要想接近黑腹舰海燕，得具备攀岩的技能。陡峭的地形对海燕来说肯定是好事，至少减少了人为干扰的可能性。除了站区北侧这一带的山岗，我分明听到在遥遥相对的那一侧，也许就是长城站"西湖"南边的山崖，也有黑腹舰海燕在叫，比我听过的所有口哨都动听。

为什么雷维蟠之前没有发现黑腹舰海燕呢？因为它白天并不活动，也不鸣叫，且巢区不易接近，不像山冈坡脚的黄蹼洋海燕那样，一有人经过洞口就"吠叫"告警，从而暴露巢址。和黄蹼洋海燕一样的是，黑腹舰海燕仅在夜间造访陆地，避开了捕食者贼鸥的监视（当我们打开手电时，蹲在地上的那只贼鸥可能已经睡着了）。不过根据在乔治王岛波特半岛上的研究结果，同域繁殖的两种海燕在食性上产生了分离。黑腹舰海燕无论处在孵卵期、育雏期，亦或是非繁殖个体，其食物组成都没有明显变化，鱼类和甲壳类各占一半；而黄蹼洋海燕会根据是否繁殖改变食谱，前文曾引用南乔治亚岛的研究，显示黄蹼洋海燕育雏期食用甲壳类和鱼类的重量比例约为 7∶3。此外，黑腹舰海燕反吐物中的胃油含量少于黄蹼洋海燕，这可能与其喂食频次较高（每天 0.98 次）有关，南乔治亚岛的黄蹼洋海燕喂食频率约为每天 0.5~0.85 次。

遗憾的是，长城站缺少极昼的"光环"，我们无法看到黑腹舰海燕在金子般的白夜里翱翔。

扫描二维码
查看拓展阅读

※ 南方巨鹱

下 集

　　一定有什么奇妙的事情发生。一块两米来长、五公斤重的"布匹"滑翔而来，在岛屿尖端和考察站的油罐区上空来回打转。天气开始变化，惨淡的不止愁云，还有光线。空气中只有两件事值得关注，不振翅的飞行和即将到来的冷锋。

　　我看到的"布匹"正是盘旋的南方巨鹱。它们在巡视领地，又或许只是为了玩一会儿风。别看巨鹱是凶悍的食腐者，却比其他鸟类更忌惮人类[1]。考察站的基建工程，走动的科考队员，低空飞行的直升机，皆是不堪忍受的"噪声"。性格强烈的巨鹱不会妥协，宁可换至贫瘠之地筑建新巢，也要避开人为干扰，但代价很可能是当季繁殖失败。

※1 根据乔治王岛企鹅岛（Penguin Island）上的研究结果（Pfeiffer and Peter，2004），南方巨鹱孵卵时的静息心率为每分钟59~116次，当有人靠近至 20 米范围内，其心率会比静息时增加 63%，最高可增加 116%。

20世纪80年代中期至21世纪初的20余年间，正是菲尔德斯半岛"大兴土木"的阶段，考察站的数量在增加，南方巨鹱的种群数量却下降了。在有关其旧巢址的文献描述中，甚至出现了"遗存"这样富有历史气息的动词[1]。

巨鹱精心营造的石巢非同凡响：中间凹、四周高，由一颗颗石子堆垒而成，目测直径大约1米，形如冷兵器时代的遗物。曾有人统计，在长城站以东海滨岩礁带，可见68处巨鹱巢遗址。在我的想象中，那是裸露于地表的大型墓葬群。也许和玄武

※ 巨鹱的地面巢

※1 爱德华王子群岛中的马里恩岛上的南方巨鹱也经历了类似的过程，距离科考站最近的巨鹱繁殖地因人类干扰而被遗弃。

岩的质地有关，巨鹱巢的精致感源自扁平石块堆叠出的平缓曲面。相比而言，难言岛上的阿德利企鹅多用鸡蛋大小的卵石围拢巢穴，形状随意有如稚嫩的蜡笔画。对于在海岸山崖、岩礁、砂石带营巢的海鸟而言，灶状石巢的好处显而易见：能有效防止鸟卵滚落。唯一的麻烦来自暴风雪和低温。

严冬过后，盖着雪毯的巢址还在等待 9 月的春风化冻。如果此时偏有冷空气来捣乱，开往繁殖地的"巨鹱列车"可能会延误。2009/2010 年度的南极之春，菲尔德斯半岛下了一场大雪，为鸟巢加了一道"锁"。据说企鹅擅用排泄物融解雪层，不知巨鹱在这方面的功力如何。总之，根据雪后启用的巢位数量，那一年巨鹱的繁殖对骤减了一半，由上一年的 407 对减至 225 对。不过研究人员指出，相似的恶劣天气也出现在 2003/2004 年度和 2007/2008 年度，但对巨鹱的繁殖没有造成显著影响，最终还是把半岛上巨鹱减少的原因归咎于人类活动。

统计数字刻画出巨鹱生活的"政治"漫画，是非分明。现实中却存在灰色地带，比如与一口盛着巨鹱成鸟和雏鸟的"石锅"不期而遇。

1 月底正值盛夏，菲尔德斯半岛色彩斑斓，雪水奔流的小溪滋养着苔藓"蹦床"，地衣在岩石上肆意涂抹。我在不经意间走到坡顶背风处，那里竟然窝藏着一大一小两只白鸟，像两个惊叹号。

按照正常情况推算，巨鹱幼鸟已经破壳两个月左右了。此刻，幼鸟一身绒羽被雨丝打湿，变得卷曲发灰，幼嫩的喙尖已显出标志性的铅绿；一旁的成鸟头颈染白，背羽灰褐，喙尖是成熟的橄榄绿，管状鼻比幼鸟的浅粉更接近肉色，眼睛漆黑深邃。无论筑巢、孵卵还是育幼，巨鹱双亲都是合作完成。当一方留在巢中，另一方就外出觅食，交替轮转。幼鸟要用 3~4 个月的时间才能长齐飞羽，彼时已是夏季的尾声。

长城站地区繁殖的南方巨鹱有三种色系，不妨称之为"褐""黑""白"（或将前两种并称为"深色型"）。在另一处石窝里，我发现了第二个家庭。家长头颈褐色斑驳，喉、颊、胸前污白，两翼、背部、尾羽仍为深褐，但它的孩子却是一朵一尘不染的白莲花。小巨鹱脾气火暴，一直大张着嘴冲我示威。我已能想见它凶狠吃肉的模样。

※ 南方巨鹱成鸟与幼鸟

这两窝石巢中的家长都可以归为褐色系，也是此地繁殖种群中的主流色系。纯黑和纯白在该群体中占比总和还不到

※ 另一巢巨鹱

两成。当我从高地下来，正遇几只巨鹱聚集在多礁石的海边，像慵懒的鹅群，其中就有一只显眼的白色型。

如果说食腐的习性有失"体面"（实则是自然界的美德），巨鹱身上的白袍也有"瑕疵"——始终夹杂着几根随机分布的深褐色羽毛。我发现眼前这只白色巨鹱身旁的褐色巨鹱更为奇特，喙尖竟然暗红，除了虹膜不是灰白色（而是乌黑），它长的就是北方巨鹱的样子。难点在于，北方巨鹱幼鸟的虹膜确实是黑色的，要经过

※ 未能识别的巨鹱

长达 5~7 年的青少年（亚成鸟）时期，才能性成熟，虹膜才会变白；南方巨鹱从小到大都是黑眼珠，但少数幼鸟的喙尖挪用了北方巨鹱专属的红棕色色号。所以无论从虹膜入手，还是检视喙尖，都很难确认这只巨鹱的身份。从分布上看，在菲尔德斯半岛这片属于南方巨鹱的领地，还从未记录过北方巨鹱。

这么多只巨鹱出现在礁石间绝不是无聊的聚会。它们在水里坐着，像公园里的鹅型游船，也有几只奋力拍打翅膀，踩水助跑。我们稍后再来破解玄机。我的视线被停泊在湾口的"雪龙"船吸引。不知从何时起，折断的前桅和倒塌的防浪板

※ 南方巨鹱白色型

再度竖起，补齐了船艏的豁口。驾驶室的深色玻璃后面，几个人影走动，我知道那里有一个人想上站而不得，站上有他恋着的一位姑娘。

※ 长城湾前的雪龙船

沿着海岸线返回站区，我才想到此行的目的是来寻找马可罗尼企鹅，可除了几只帽带企鹅和白眉企鹅，并没有稀客出现。倒是有位老朋友"AV8"在砾石滩上散步。峡湾内，一艘橡皮艇划破宁静，上面载着今天最后一拨游客。对讲机里传来消息：明天飞机可能会来。

雨水是降雪的前奏。天空中有洁白的晶体落下，撒在苔藓草原上，便多了些"糖霜"；

※ 苔藓草原上的"糖霜"

掉在冰蚀湖泊里，增添了一份静谧；挂在眼睫毛上，产生湿润的重量。

回到站里，我在餐厅门口的告示板上找到一张潮汐表。低潮时，东海岸的阿德雷岛与半岛之间的沙坝会露出水面，成为一条连岛"公路"，不用搭乘小艇，步行就可上岛。受海流和风浪侵蚀海岸的共同作用，这条泥沙淤积形成的"公路"仍在生长，也许有一天不会再被海水淹没。

不巧的是，我在长城站的那几天，低潮水位都出现在半夜。阿德雷岛作为硬尾企鹅属三成员的繁殖地，自1991年起被设立为特别保护区后，人们要上岛便须提前申请准入许可证。我曾独自漫步到连岛沙坝附近，断头的砂石路像一小截尾巴，指向"咫尺天涯"的阿德雷岛。附近水里有小群帽带企鹅搅动波纹，岸上是白色眉纹在头顶相连（形如头戴耳机）的白眉企鹅，但它们没有沉浸在"音乐"里不能自拔，而是对人类的出现深感不适；帽带企鹅反而不那么怕人，三五成群在浅水区嬉戏，与其说是游泳，不如说是在洗澡。

在长城站如果有人告诉你，说看到企鹅会飞了，这可能不是一个玩笑。当我由连岛沙坝返回站区，迎面走来的两个队员就对我描述了这个"事实"。似乎是为了验证他们说的话，没过多久海面上就飞来了一群"企鹅"，落在礁石上，黑背白肚皮。可这是如假包换的南极鸬鹚（英文名 Antarctic Shag）。我在前文简单地提及过它——在菲尔德斯半岛海岸，常能见到单只或18只一群的南极鸬鹚。

※ 南极鸬鹚群

这一群飞落在岩礁上的南极鸬鹚有多少只呢？不同的拍摄角度给出了不一样的答案。我选了三张照片计数，结果分别是18、19、20。我想这大概就是那群常驻菲尔德斯半岛的南极鸬鹚了。全世界的南极鸬鹚加在一起，大约有1万多繁殖对，只分布在南极半岛、南设得兰群岛和象岛。除了黑白配的体羽，它们的显著

＊ 南极鸬鹚啄羽

特征还包括蓝眼圈和鼻孔处的花簇状黄色肉垂。每年 10~11 月，南极鸬鹚会产下
2~3 枚卵，幼雏出壳后一个半月就能完成换羽。我在长城站所见的群体中就有羽
色杂褐的幼鸟，成鸟甚至还会帮助它们打理支棱着的羽毛。

　　这群鸬鹚停歇的地点也非同寻常。在礁石平坦的顶部，散落着大把食用过的
贝壳，不知这筵席是属于贼鸥还是黑背鸥。我把鸬鹚的聚点告知了邓文洪，他交换
了另一个重要的信息给我。原来，就在我曾发现巨䴘集会的岸滩，有一只死去的海豹。
这才是食腐者聚会的玄机所在。

　　多年以后，我会想起在长城站停留的第三天下午，邓教授和一只贼鸥背对背站
在一块巨石上眺望远方。贼鸥关心的是那头被礁石卡住的死海豹，它在耐心等待巨

※ 邓文洪与贼鸥背对背

※ 礁石间的海豹尸体

骥来肢解尸体，从而分得一杯羹。邓教授则在拍摄"雪龙"船。这天下午，"雪龙"起航驶离长城站，前往中山站，完成一次计划外的环南极航行。

雪愈下愈大。在德雷克海峡的北端，飞机至少三次推迟起飞。长城站的夜晚不再适合外出，人们聚集在餐

厅里闲聊、打牌，或者喝上一碗绿豆粥。篮球馆地铺被一种焦虑的情绪占据，不稳定的网络艰难地显示着机票信息，临近春节的航班几乎客满。我真愿在长城站多滞留些日子，直至度夏科考结束，哪怕接下来的每个夜晚，天花板都被此起彼伏的如雷鼾声铺满。

第四天上午，半岛仍在降雪。我最后去看了眼站区北侧的海湾，只有帽带企鹅还在冒雪"站岗"。黑色的公路向雪中延伸，仿佛由粗重的炭笔画出。两公里外，智利费雷站机场接到通知，客机已经从南美大陆起飞，将于下午抵达乔治王岛。午饭过后，集结的时刻到来，行李被搬上履带车，30余名队员步行前往机场。没有比步履不停更好的告别方式了。

❇ 雪中公路

❇ 步行一小时至机场

第三章 海

印度洋上断线的珠子[1]

※1 乘船出海所遇生物，不知从何而来、往何处去，谓
之"断线的珠子"。

钳嘴鹳

用它合不拢嘴的钳

夹这合不拢嘴的海：

一次在清晨，一次在傍晚

不齿鱼鳃的腥、婴儿的红[①]

印度洋的船已被大鸟攻占

甲板正染疾——盐的银屑病

敲锈敲锈：船长命令

水手清晨敲午后也敲

白天敲晚上不敲

趁早敲夕照敲[②]

叮叮当，叮当叮

（水床几公里厚躺了一条船不拥挤

但是会硌疼喷着息壤的洋中脊吗）[③]

铁刷子械斗钢丝轮

聚氨酯肉搏凝固剂

绿皮补丁从船头打到船尾[④]

返航时，从船尾打到船头

如专治疑难杂症的祖传偏方

❋ 飞落到桅杆上的钳嘴鹳

唯有栏杆边沉思睹海的生物

势必以被玷污的高跷之踵

黑拨风与白癜风的羽 ⑤

单边割据的眼，在北纬 6 度 7 分

东经 91 度 42 分：迁飞几招回春的妙手

❋ 钳嘴鹳群飞向远处的货轮

小蓝鲸 ^①

扫描二维码
查看拓展阅读

多像一首诗的浮现

无名到近乎平庸的暗丘 ^②

模糊的脊背欺骗经验的眼睛

皮肤缠绕海面待炸开灰雾的喷泉

白银般的花纹穿隆，质地似云波，抬升

极其缓慢，当首联的海拔倾斜降落，漫长的颔联

从水下捞出粘缀的鲸须，韵脚押中了旅行的鲫鱼与藤壶的自闭

而隐喻的冈达弯拿将自身切成七块，在平仄里肆意分离，恰如音律 ^③

背鳍图穷匕见，这未经发育的山峰，供离弦的大陆指认尾迹，最后一次拱起

意义的背脊，没有浪花来欢送，那座湿漉漉的碑——尾鳍起承转合，沉没或是相信：

惊动整个星球的重量

※ 小蓝鲸尾鳍

长吻飞旋海豚

被鲸波的巨大浪涛高涨五千万年 ①
书页翻动书页，好比波浪逐波浪
祖先的诗篇在河畔传诵得走了样
三个版本的公国成立：一曰膃肭

或曰鳍脚，祖先的脂膏可燃灯烛 ②
候风潮出没顺肚脐向内掏挖孔洞
取肾油施行浸礼，结骨国的土产
趴拖着涂抹最小化的陆生同学录

一曰裂脚，驾船拍拖两足无毛兽 ③
臂上雕刻缠枝电子纹，鲣鱼入袋
两块漂浮的语系共用结绳记事簿
木材混合钢板垄断牛羊拉车的犁

再曰摆尾，祖先的氧债肌肉归还 ④
对登陆的唐突记忆死于集体搁浅
球鼻艏触碰额头默许第二次下海
过龙兵眼望浮岛，蹈虚空于肉身

※ 长吻飞旋海豚

扫描二维码
查看拓展阅读

太平洋丽龟

古有背甲罗织网纹

逃不出命运的语句

时间尚够数出五片肋盾①

假如防守的本义是适用

柔软并不能对抗恐惧

硬壳止不住收缩内心

严重灼伤的头颅回望

一千五百公里外小岛的海浪②

※ 太平洋丽龟

✳ 小凤头燕鸥

假如防守的本义是容忍

被扼住咽喉的小凤头燕鸥

占领防火栓的白喉斑秧鸡

起锚机里捉虫吃的灰鹡鸰

"它们本属于另外的民族

与我们共同陷入生活和时光之网"③

在孟加拉湾的中央，水波之上

扫描二维码
查看拓展阅读

后记

纸上的探险队

写下近 500 页《北极梦》的巴里·洛佩兹并非科研工作者，而是以写作为志业。他深知这层身份可能遇到的局限，并且坦言自己"感官不敏锐，缺乏分辨力，对此地又不大熟悉，所以许多东西都没有注意到"。他也意识到过于依赖语言可能产生的幻觉："我们的风险是在隐喻中寻找我们的最终权威，而不是在大地上寻找。"[※1]

我面临的风险显然更大。洛佩兹通过与不同学科的科考队"厮混"，深入北极地区达 5 年之久，而我只去过一次南极，并且大部分时间是在海上，真正踏足陆地的时间为期不超过一周。好在，南大洋并不比南极大陆逊色，从物种多样性的角度看，甚至还要更精彩。但仅凭短短 3 个月的航行体验，我对南大洋谈不上有多少理解。同样，我之于印度洋，也不过是匆匆过客而已。

洛佩兹曾在阿拉斯加的阿纳克图沃克帕斯（Anaktuvuk Pass）问一个男人，如果造访一个新地方，通常会做些什么？男人回答："我就是倾听。"洛佩兹思忖这句话的意思，是要在这片土地上四处走走，长时间开启各种感官，集中注意力，欣赏它的方方面面，自己不说一句话[※2]。

※1 《北极梦》第 213、223 页。
※2 《北极梦》第 221 页。

自己不说一句话。就是这么回事，不要急于谈论或者写下你看见了什么（与新闻记者被要求做的那些事情正好相反），与其用语言编织巧妙的花环，不如就老老实实地注视好了。但因为看到的还不够多，远远不够，我只好组建一支纸上的探险队，跟随文献中的报道去往我只闻其名、未睹其容的岛屿、海峡和陆地。为了建立空间上的概念，我又开始转动学生时代的地球仪。这台地球仪的北半球落满灰尘（真正被"尘封"了），蓝色的南大洋却还崭亮如新，那些著名的亚南极岛屿也都"历历在目"。印在南半球土阿莫土群岛附近的"图例"显示，它是 1994 年 6 月由测绘出版社在北京出版的。

现在，到了要向这支探险队表示感谢的时候。除参考文献外，我还得到了以下重要参考：

几位鸟类学教授耐心回答过我关于南极海鸟的问题，其中四位是我在中国第 35 次南极考察队时的队友，他们是：张正旺、邓文洪、夏灿玮、雷维蟠。张雁云教授作为中国第 33、34 次南极考察队队员，曾参加难言岛建站选址前期调查，他向我介绍了新站附近阿德利企鹅繁殖地的研究情况。

彻里 - 加勒德曾提到，有人向他抱怨说《斯科特的最后探险》一书以为读者知悉南极的一切，但其实读者完全不清楚"发现"号是什么，也不知城堡岩（Castle Rock）或小屋角（Hut Point）在哪里[1]。因此要想对书中谈论的地点有个直观印象，最好是有幅地图。好在，我在"雪龙"船上的室友席颖在考察结束不久就制作了航迹图，但更多具体的位置信息可能还有赖于读者自主查询文献里的配图（由于版权问题无法在本书中使用）。一些海鸟的辨识要参考地理分布才能确认种类，我多次

---

[1] 《世界最险恶之旅Ⅰ》，第 2 页。

请席颖帮忙查询当时的船位记录。后来，他把"船位"这个词拉黑了。

船长沈权回答了关于"雪龙"船构造细节的问题。同时，也正是因为船长的一个提议，这本书才确立了现在的结构。

王欣、于游在文献获取方面曾向我施以援手（不限于本书）。王欣还与我就如何理解文献中的某个句子做过多次讨论。

我去南极前，朱岳向我推荐了《世界最险恶之旅》。但此前我已买来了北方文艺出版社出版的《世界上最糟糕的旅行》，结果读了几页就宣告放弃。如果不是因为要写自己这趟算不上糟糕的旅行，我大概再也不会翻开这本被调侃为"世界上最糟糕的翻译"的书。

有读者提到 *A Complete Guide to Antarctic Wildlife* 时说："就算你对自然万物兴趣不大，在去南极之前，你也一定要带上这本书。"[※1] 而我第一次知道这本书，就是在"雪龙"船上，在张正旺老师的房间里看到了原版实体书——一本沉甸甸的全彩巨著。

朱恺杰将他的南极行记命名为"比宇宙更远的地方——南极和亚南极"，我有幸提前阅读了这部分即将出版的文档。我曾担心受到朱恺杰文章潜移默化的影响，当我向他提及这个担心时，他回复说："文学就是相互影响的过程啊。"

段林为我找到了《世界上最糟糕的旅行》的原版书，使我有机会从中获得更多有趣的发现。

我在"雪龙"船 6 楼气象室看到了一纸箱用来赠送的《极地走航海冰观测图集》，

※1 原文为 "Even if you just have a slight interest in natural history, then you cannot go to Antarctica without this book"，署名 "Fauna & Flora"。

汪雷好心地允许我带走其中一本。

狂热而严谨的观鸟爱好者黄瀚晨向我介绍了特岛圆尾鹱的同物异名情况，并回答了黄蹼洋海燕英文名中的威尔逊究竟是哪个威尔逊的问题。

叶盛教授帮我查询了《大灭绝时代》的一处原文。

感谢程学武、姚淑涛、黄文涛、王俊健、吴雷钊、朱恺杰、林玮、雷维蟠、廖一波、丁孟德允许我使用他们珍贵的一手照片。

撰写本书时，我所在报社的同事们向我提供过十分必要的帮助。在此一并致谢。

扫描二维码
查看拓展文献